初心者（学生・スタッフのための）データ解析入門
－QC検定試験1級・2級を受験を目指して－
正 誤 票

この正誤票は第1版第1刷に対するものです．お詫びして訂正いたします．

位 置	誤	正
p.24　下から2行目	BはAの0.120 <u>分の1</u>倍	BはAの0.120倍
p.144　上から4行目	表11.5.4から，1次誤差<u>と交互作用B×Cは小さいので</u>，2次誤差に	表11.5.4から，<u>反復は水準を選択できない（制御因子でない）ので1次誤差にプールします．それでも，1次誤差は小さいので交互作用B×Cとともに</u>2次誤差に
最終行	$R_2 A_1 B_1 C_1$ となるので，	$A_1 B_1 C_1$ となるので，
p.145　表11.5.5	（誤）	

要因	平方和	自由度	平均平方	F比	5%点	1%点	平均平方の期待値	寄与率
R	1.103	1	1.1025	3.68	4.96	10.00	$\sigma_e^2 + 8\sigma_R^2$	0.021
A	7.562	1	7.5625	25.27	4.96	10.00	$\sigma_e^2 + 8\sigma_A^2$	0.187
B	21.623	1	21.6225	72.26	4.96	10.00	$\sigma_e^2 + 8\sigma_B^2$	0.549
C	3.610	1	3.6100	12.06	4.96	10.00	$\sigma_e^2 + 8\sigma_C^2$	0.085
A×B	1.960	1	1.9600	6.55	4.96	10.00	$\sigma_e^2 + 4\sigma_{A\times B}^2$	0.043
E´	2.993	10	0.2993				σ_e^2	0.116
合計	38.850	15						1.000

（正）＊空欄は修正なし．

要因	平方和	自由度	平均平方	F比	5%点	1%点	平均平方の期待値	寄与率
A	7.56		7.56	20.31				0.185
B	21.62		21.62	58.08				0.547
C	3.61		3.61	9.70				0.083
A×B	1.96		1.96	5.26				0.041
E´	4.10	11	0.37					0.144
合計	38.85							1.000

位 置	誤	正
式(11.5.1)	$\hat{\mu}(R_2 A_1 B_1 C_1)$ $= \mu + \delta_2 + \alpha_1 + \beta_1 + (\alpha\beta)_{11} + \gamma_1$ $= \widehat{\mu + \delta_2} + \widehat{\mu + \alpha_1 + \beta_1 + (\alpha\beta)_{11}}$ $+ \widehat{\mu + \gamma_1} - 2\hat{\mu}$ $= \dfrac{29.1}{8} + \dfrac{22.3}{4} + \dfrac{30.8}{8} - 2 \times \dfrac{54.0}{16}$ $= 6.3125$	$\hat{\mu}(A_1 B_1 C_1)$ $= \mu + \alpha_1 + \beta_1 + (\alpha\beta)_{11} + \gamma_1$ $= \widehat{\mu + \alpha_1 + \beta_1 + (\alpha\beta)_{11}}$ $+ \widehat{\mu + \gamma_1} - \hat{\mu}$ $= \dfrac{22.3}{4} + \dfrac{30.8}{8} - \dfrac{54.0}{16}$ $= 6.050$
式(11.5.2)	$\dfrac{1}{n_e} = \dfrac{1}{8} + \dfrac{1}{4} + \dfrac{1}{8} - 2 \times \dfrac{1}{16} = \dfrac{3}{8}$	$\dfrac{1}{n_e} = \dfrac{1}{4} + \dfrac{1}{8} - \dfrac{1}{16} = \dfrac{5}{16}$
上から6行目	<u>R，</u>A，B，C，A×Bの<u>5</u>	A，B，C，A×Bの<u>4</u>
式(11.5.3)	$n_e = \dfrac{16}{(1+1+1+1+1)+1} = \dfrac{8}{3}$	$n_e = \dfrac{16}{(1+1+1+1)+1} = \dfrac{16}{5}$

位　置	誤	正
p.145 式(11.5.4)	$\pm t(10, 0.025)\sqrt{0.2933 \times \dfrac{3}{8}}$ $= \pm 2.228 \times 0.335 = \pm 0.7464$	$\pm t(11, 0.05)\sqrt{0.37 \times \dfrac{5}{16}}$ $= \pm 2.201 \times 0.340 = \pm 0.748$
式(11.5.5)	$6.3125 - 0.7464 = 5.566$	$6.050 - 0.748 = 5.302$
式(11.5.6)	$6.3125 + 0.7464 = 7.059$	$6.050 + 0.748 = 6.798$
p.152 上から1行目	C_1F_1 であるといえます.	C_1F_1 であるといえます. <u>しかし, F は環境条件を表す因子なので水準の選択ができないので誤差に含めて取り扱うことにし, F 及び C×F をプーリングすることにします.</u>
上から2行目	最適水準は $A_2B_2C_1D_2\underline{F_1}$ という	最適水準は $A_2B_2C_1D_2$ という
上から4～7行目	また, <u>因子 B と C×F の交互作用以外の交互作用もプールすることにします. ただし, C×F が有意なので因子 C はプールできないことに注意します.</u> プーリング後の分散分析表を表 11.7.8 に示します. 環境条件	また, <u>因子 B もプールすることにして作成した</u>プーリング後の分散分析表を表 11.7.8 に示します. <u>これより, 最適水準は $A_2C_1D_2$ ということになります.</u> <u>ところで,</u> 環境条件
p.153 表 11.7.8	<table><tr><td>要因</td><td>平方和</td><td>自由度</td><td>平均平方</td><td>F比</td></tr><tr><td>A</td><td>3.610</td><td>1</td><td>3.610</td><td>20.93</td></tr><tr><td>C</td><td>0.010</td><td>1</td><td>0.010</td><td>0.06</td></tr><tr><td>D</td><td>1.440</td><td>1</td><td>1.440</td><td>8.35</td></tr><tr><td>F</td><td>2.103</td><td>1</td><td>2.103</td><td>12.19</td></tr><tr><td>C×F</td><td>2.890</td><td>1</td><td>2.890</td><td>16.75</td></tr><tr><td>E´</td><td>1.725</td><td>10</td><td>0.173</td><td></td></tr><tr><td>合計</td><td>11.778</td><td>15</td><td></td><td></td></tr></table>	＊空欄は修正なし <table><tr><td>要因</td><td>平方和</td><td>自由度</td><td>平均平方</td><td>F比</td></tr><tr><td>A</td><td></td><td></td><td></td><td>6.45</td></tr><tr><td>C</td><td></td><td></td><td></td><td>0.02</td></tr><tr><td>D</td><td></td><td></td><td></td><td>2.57</td></tr><tr><td>E´</td><td>6.718</td><td>12</td><td>0.560</td><td></td></tr><tr><td>合計</td><td></td><td></td><td></td><td></td></tr></table>
上から4行目	作用<u>がないようにする必要があります.</u>	作用<u>を発見するとともに, 制御因子の水準によってこのような交互作用を小さくできないか検討することが考えられます.</u>
上から5～6行目	方法です. 　<u>ところで,</u> 表 11.7.7 の	方法です. <u>データ解析の入門を終了したら, ぜひ学んで欲しい方法の一つです.</u> 　<u>ここで,</u> 表 11.7.7 の
下から3～2行目	このこと<u>を,</u> 表 11.7.9 の	このこと<u>は, 宮川 [2] が指摘しているように, 表 11.7.6 の和に対する F と制御因子との交互作用は, 表 11.7.7 の差に対する制御因子の主効果とは等価であることを示しています. これを,</u> 表 11.7.9 の
p.162 式 (12.2.5)	$\hat{\mu}(A_1B_3) = \widehat{\mu + \alpha_1 + \mu + \beta_3}$	$\hat{\mu}(A_1B_3) = \widehat{\mu + \alpha_1 + \beta_3}$

2012 年 2 月　日本規格協会

初心者(学生・スタッフ)のための
データ解析入門

QC検定試験1級・2級受験を目指して

新藤久和 著

日本規格協会

ま え が き

　世の中が複雑になり，価値観がますます多様化している現在，事実に基づいて考え，議論し，納得できる結論を導くことが求められます．そこでは，当然のこととして，関係者の納得を得るためには説明責任を果たすべきである，という考えが一般的になってきました．しかし，考えてみるとこれはそれほど容易なことではありません．説明責任を果たせと迫る人が，説明されればそれを理解できるだけの知識や能力を備えているとは限りません．理解できるかどうかわからないけれども説明を求める人がいる一方で，理解してもらえるかどうかわからないけれども説明せざるを得ない人がいます．これではお互いの時間の浪費にしかなりません．理解したければ，それだけの努力を覚悟する必要があると思います．

　品質管理の世界では"データでものを言え"と教えています．特に，統計的品質管理（SQC：Statistical Quality Control）としてスタートしたこともあり，品質管理では，データを収集し，統計手法を用いて解析し，合理的な結論を導いて，適切な対策を考え，その効果を確認して改善を行うという活動を継続して行ってきました．近年は，Statistical を Scientific に置き換えて，統計手法に限らず科学的手法を活用するという傾向にあります．

　データを収集するのも容易ではありませんが，それを解析するための計算は大変な労力を要します．かつては，こうした労力を惜しまずにデータが示す事実，さらにはそれが暗示する真実を明らかにしようと努力したものです．幸い，パソコンなどの普及でデータを入力すれば，簡単に解析結果を手に入れることができるようになりました．しかし，そのためか，手法を十分理解せずに計算結果だけで安直な結論を引き出そうとする弊害も無視できなくなってきました．また，データはパソコンに格納されているけれども，解析もされずに宝の持ち腐れになっている場合も少なくないようです．

本書は，データ解析の基礎を学ぼうという学生やスタッフを対象に，できるだけわかりやすく記述することを心がけました．また，初心者向きということも考慮して必要最小限の手法に絞って説明してあります．分量的には大学の半期15回の講義で学べる程度にまとめてあります．

　データ解析を行う場合に問題になるのは，手計算で逐次に解析すると計算途中の丸め誤差が累積してしまうことです．その結果，パソコンなどで計算した結果と食い違いが生じてしまいます．そこで，本書に掲載した図表を作成するための計算過程を収めたExcelファイルをダウンロードして利用できるようにしました．計算過程における数値は，Excelファイルで確認してください．また，自作した"統計数値表プログラム"もダウンロードできますのでご利用ください．

　本書は，あくまでも初心者向けの入門書として執筆したものですが，読者にはさらに高度な手法を学ばれることを期待しています．近年，"品質管理検定（QC検定）"（http://www.jsa.or.jp/kentei/qc/qc-top.asp）が注目され，受験者も増加しています．本書でデータ解析を学び，この検定試験を受検して資格取得する読者が多数現れることを願っております．

　最後に，執筆の機会を与えてくださった日本規格協会の中泉純理事並びに伊藤宰課長にお礼申し上げます．また，シンク情報システムの高山尚文社長には，Excelファイルやセットアッププログラムのダウンロードなどでお世話になりました．ここに記して謝意を表します．

2010年10月

新藤　久和

■読者の皆様へ■

　本書の図表を作成するために用いた主なデータと計算過程及び結果は，章ごとに"Excelファイル"に収められています．これらの資料の計算過程を追跡することにより，Excelの関数の使い方も同時に学ぶことができます．また，本書のために開発された"統計数値表プログラム"も利用できるようにしてあります．

　"Excelデータ解析ファイル"及び"統計数値表プログラム"は，以下のページで無料ダウンロードすることができます．

http://www.syncinfo.co.jp/services/tqm.asp

［このURLは，(有)シンク情報システムの"TQM関連サービス"のページにリンクしています．］

目　　次

まえがき

1章　統計の基礎
- 1.1　データと基本統計量 …………………………………… 9
- 1.2　母集団とサンプル ……………………………………… 14
- 1.3　期待値と分散 …………………………………………… 17
- 1.4　平均の分布 ……………………………………………… 19

2章　統計的推測
- 2.1　分散比の検定 …………………………………………… 21
- 2.2　母平均に関する検定 …………………………………… 26
- 2.3　母平均の区間推定 ……………………………………… 30
- 2.4　母平均の差に関する検定 ……………………………… 31
- 2.5　データに対応がある場合の母平均の差に関する検定 …… 35

3章　平方和の分解と自由度の分解
- 3.1　平方和の分解 …………………………………………… 39
- 3.2　自由度の分解 …………………………………………… 42

4章　一元配置実験
- 4.1　一元配置実験と分散分析 ……………………………… 45
- 4.2　分散分析後の母平均の推定 …………………………… 50
- 4.3　寄与率 …………………………………………………… 53
- 4.4　繰返し数が等しくない場合 …………………………… 55

5章　繰返しのない二元配置実験
- 5.1　要因の1つが有意となる場合 …… 61
- 5.2　両方の要因が有意となる場合 …… 65

6章　繰返しのある二元配置実験
- 6.1　繰返しのある二元配置実験と交互作用 …… 73
- 6.2　繰返しのある二元配置実験の分散分析 …… 75
- 6.3　最適水準における母平均の推定 …… 80
- 6.4　平方和及び平均平方の期待値 …… 83

7章　反復のある二元配置実験
- 7.1　反復のある二元配置実験とは …… 85
- 7.2　寄　与　率 …… 88

8章　乱　塊　法
- 8.1　ブロック因子と乱塊法 …… 91
- 8.2　乱塊法のデータの構造と分散分析 …… 92

9章　分　割　法
- 9.1　分割法とは …… 97
- 9.2　分割法による実験とデータの構造 …… 98
- 9.3　分　散　分　析 …… 101
- 9.4　平方和及び平均平方の期待値 …… 106
- 9.5　母平均の推定 …… 109

10章　回　帰　分　析
- 10.1　単回帰分析 …… 115
- 10.2　原点を通る直線回帰 …… 118
- 10.3　関数の当てはめ …… 119
- 10.4　各水準で繰返しがある場合の解析 …… 120

11章　2水準直交表実験
- 11.1　2水準直交表 ……………………………………………… 125
- 11.2　2水準直交表実験の分散分析 …………………………… 129
- 11.3　多水準作成法 ……………………………………………… 133
- 11.4　擬水準法 …………………………………………………… 139
- 11.5　直交表による分割法実験 ………………………………… 142
- 11.6　特殊な分割実験 …………………………………………… 146
- 11.7　外側因子を割り付ける直交表実験 ……………………… 149

12章　3水準直交表実験
- 12.1　3水準直交表 ……………………………………………… 157
- 12.2　3水準直交表実験の分散分析 …………………………… 160

13章　一対比較によるウエートの評価
- 13.1　階層化意思決定法とそのモデル ………………………… 163
- 13.2　一対比較によるウエートの求め方 ……………………… 164
- 13.3　意思決定の例 ……………………………………………… 167

14章　マハラノビス平方距離の利用
- 14.1　規準化からマハラノビス平方距離へ …………………… 169
- 14.2　マハラノビス平方距離の期待値と分散 ………………… 174

15章　合否判定の性能評価
- 15.1　2値判定問題 ……………………………………………… 177
- 15.2　対数オッズ比 ……………………………………………… 178

参 考 文 献 …………………………………………………………… 180

付　録

　A　正規分布の期待値と分散 ………………………………………… 181
　B　モーメント推定（moment estimation）　…………………………… 182
　C　最尤推定（maximum likelihood estimation）……………………… 183

索　引………………………………………………………………………… 185

1章

統計の基礎

1.1 データと基本統計量

　事実を客観的に表したものをデータ（data）といいます．"J.W. ブッシュは第43代米国大統領であった"というのは歴史的事実を客観的に表しているのでデータということができます．これに対して"J.W. ブッシュは米国の偉大な大統領であった"というのは，客観的でないという意味でデータとはいわず，"情報（information）"といってデータとは区別します．なぜなら，偉大であったかどうかは人によって評価が分かれるという意味で，客観的でないというわけです．

　このように，言語データといって言葉で表すデータもありますが，本書では，長さや重さなど数値で表される数値データを取り扱います．数値データは計算処理できるという特徴があります．データを一定の考えのもとに計算処理して，合理的な結論を導くプロセスをデータ解析といい，いろいろな手法が使われています．本書では，それらの中でも基本的なデータの解析手法を取り上げます．

　データから計算して得られる量を統計量（statistic）といいます．特に，それらの中でも基本統計量（fundamental statistic）と呼ばれる，平均（average, mean），偏差平方和（sum of squares），不偏分散（unbiased variance），標準偏差（standard deviation）などが重要です．また，順序統計量と呼ばれる，最大値（max），最小値（min），最大値から最小値を引いた範囲（range）も

使われることがあります．中央値（median）は，データを大きさによって順番に並べ替えたとき中央に位置するデータの値です．データが偶数の場合は，中央に位置する2つのデータの平均を中央値とします．

さて，ある製品の寸法を測定して次のように5つのデータが得られたとします．

$$9.4,\ 10.3,\ 11.1,\ 8.9,\ 11.3 \quad （単位\ mm）$$

これらのデータの平均は次のように求められます．

$$\bar{x} = \frac{9.4+10.3+11.1+8.9+11.3}{5} = \frac{51.0}{5} = 10.20 \quad (1.1.1)$$

つまり，平均は $\bar{x} = 10.20$ mm です．このように，平均は，もとのデータが小数点以下1桁まで示されていますから，それより1桁多く求めておくことにします．図 1.1.1 に示すように，平均はデータの大小を平（たいら）に均（なら）したときの大きさと考えることができます．また，データ1個当たりの大きさと考えることもできます．さらに，個々のデータは大きさがばらついていますが，それを無視すれば 10.20 という大きさのデータが5個あると考えることもできます．いずれにしても平均を求めるということは，個々のデータの大小という個性を無視することにより，ただ一つの数値で全体を代表させようということになります．

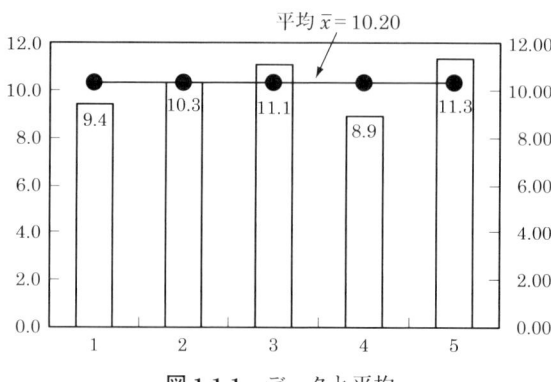

図 1.1.1　データと平均

しかし，実際にはデータの大小という個性，言い換えればデータの"ばらつき"は存在していますから，それがどの程度の大きさか評価する必要があります．なぜなら，100点満点のテストで平均が50点だったとしても，全員が50点なのか，半分が100点で残り半分が0点だったのか区別できないからです．ばらつきを評価する尺度として最も重要な偏差平方和は，図1.1.2に示すように，平均からの偏差を2乗して加えた量で次のように計算して求めます．

$$S = (9.4-10.20)^2 + (10.3-10.20)^2 + (11.1-10.20)^2$$
$$+ (8.9-10.20)^2 + (11.3-10.20)^2$$
$$= (-0.8)^2 + (0.1)^2 + (0.9)^2 + (-1.3)^2 + (1.1)^2 = 4.36 \qquad (1.1.2)$$

偏差平方和の計算はデータ解析には不可欠ですが，式(1.1.2)のようにデータからいちいち平均を引いて差を求めてから2乗して加え合わせるのは手間がかかります．そこで，通常は，次のように計算します．

$$S = (9.4^2 + 10.3^2 + 11.1^2 + 8.9^2 + 11.3^2) - \frac{(9.4+10.3+11.1+8.9+11.3)^2}{5}$$
$$(1.1.3)$$

右辺の第1項は，$(9.4-0)^2 + (10.3-0)^2 + (11.1-0)^2 + (8.9-0)^2 + (11.3-0)^2$ = 524.56と書けますから，原点からの偏差平方和を表していることになります．これから，第2項（=520.2）を引いて修正することによって平均からの偏差平方和（=4.36）が求められます．それで第2項を修正項（CT: correc-

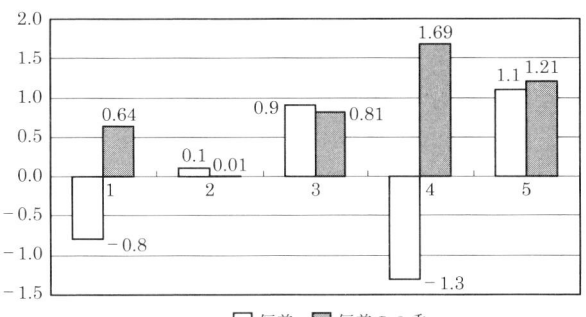

図 **1.1.2** 平均からの偏差とその2乗

tion term) と呼びます．

偏差平方和は平均からの偏差の 2 乗和ですから，データの数が増えれば単調増加します．そこで，データの数に依存しないばらつきの尺度が必要になります．そのためには，ばらつきとは何かを明らかにしなければなりません．例えば，図 1.1.3 のように 3 本の木が並んでいるとします．それぞれの高さは同じではありませんから，木の高さがばらついているといいます．それでは，高さが異なる木が 2 本あるときはどうでしょう．高さが違うとか，高さが異なるといいます．すなわち，ばらつきという概念は，対象が 2 つの場合の "違いがある"，"差がある"，"異なる" という概念の拡張概念であることがわかります．

図 1.1.3 木と木の "間" の数

したがって，対象が少なくとも 2 つなければ，ばらつきを議論することはできません．植木算で，100 m の堤防に，桜の木を等間隔で 3 本植えるためには，100/(3−1)＝50 と計算します．このとき，分母は，木と木の間の数を表しています．つまり，ばらつきが生じるのは 3−1＝2 箇所あることになります．

このことから，データの数によらずにばらつきを評価するためには，データの数から 1 を引いて，ばらつきが生じる箇所の数で割ればよいことがわかります．この数のことを "自由度 (degrees of freedom)" といいます．したがって，この例では，ばらつきを次のように計算します．

$$V = \frac{S}{n-1} = \frac{4.36}{5-1} = 1.09 \qquad (1.1.4)$$

この値を "不偏分散 (unbiased variance)" といいます．これは，母分散の偏

りのない推定量という意味で名づけられた統計量です．これに対して，偏差平方和をデータの数で割った，

$$\frac{4.36}{5} = 0.872 \tag{1.1.5}$$

を標本分散（sample variance）として用いることもあります．標本分散は，分散の最尤推定量（付録 C 参照）として導かれた統計量ですが，偏り（bias）があることがわかっているので，本書では一貫して式(1.1.4)の不偏分散を用います．

ところで，データには単位がついているのが普通です．先ほどの製品の寸法のデータでは単位は mm です．したがって，平均は $\bar{x} = 10.20$ mm で不偏分散は $V = 1.09$ mm^2 となります．そうすると，寸法を問題にしているのですから，平均の単位は "mm" で長さの単位ですからいいのですが，不偏分散の単位は "mm^2" で面積の単位になってしまいます．そこで，単位を合わせるために，次のように，不偏分散の平方根をとります．

$$s = \sqrt{V} = \sqrt{\frac{S}{n-1}} \tag{1.1.6}$$

これを，標準偏差（standard deviation）と呼びます．"ルートブイ" ということもあります．ここでの例に当てはめると，標準偏差が次のように求められます．

$$s = \sqrt{V} = \sqrt{1.09} = 1.044 \text{ mm} \tag{1.1.7}$$

日常生活の中でも平均はしばしば用いられますが，標準偏差はそれほどでもないように思われます．それだけ標準偏差を理解するのは難しいのですが，だからといって，何でも平均だけで済ますわけにはいきません．例えば，試験で得点が x ならば "偏差値" は次のようにして計算します．

$$H = 50 + \frac{x - \bar{x}}{\sqrt{V}} \times 10 \tag{1.1.8}$$

第 2 項の $x - \bar{x}$ は平均からの偏差です．それを，標準偏差で割っているのは，標準偏差の何倍になっているかを評価するためです．すなわち，平均より

10点高い得点をとっても，その意味合いは標準偏差の大きさによって変わるということです．標準偏差が小さければ，その10点は非常に大きいと評価されますが，標準偏差が大きければ，平均より10点高いといっても，ばらつきが大きいので，それほどたいしたことはないと考えられるのです．

1.2　母集団とサンプル

　データから平均や不偏分散などの統計量を計算するのは，データがとられた背景にある母集団の性質を知りたいからです．母集団とは，検討対象としている"もの"や"こと"の集まり全体と考えればいいでしょう．例えば，部品の集まりは"もの"の母集団ですし，振り子の周期は周期という"こと"の母集団ということもできます．

　母集団を規定する値を"母数（パラメータ）"といいます．一般に，母数は未知ですから，これを知るために，母集団からサンプルを抽出（サンプリング）し，計測してデータを得ます．このデータから統計量を計算することにより，母数の大きさを見積もります．これを統計的推定又は単に推定（estimation）といいます．場合によっては，母数がある値に等しいといってよいかどうかを統計量に基づいて判定することもあります．これを統計的仮説検定（statistical test of hypothesis）又は検定（test）といいます．また，検定と推定を合わせて統計的推測（statistical inference）ということもあります．重要なことは，図1.2.1に示すように，母集団に対して必要なアクションを取るということです．

　母集団は計量値（variable）の母集団と計数値（attribute）の母集団に分けられます．これに対応して，計量値と計数値のそれぞれの母集団から得られたデータを計量値のデータ及び計数値のデータといいます．計量値のデータは"量って"得られるデータで，長さ，重さ，容積などがあります．計数値のデータは"数えて"得られるデータで，不良個数，トラブル件数，欠点数，出席者数などです．比率（＝分子/分母）で表されるデータもありますが，比率

1.2 母集団とサンプル

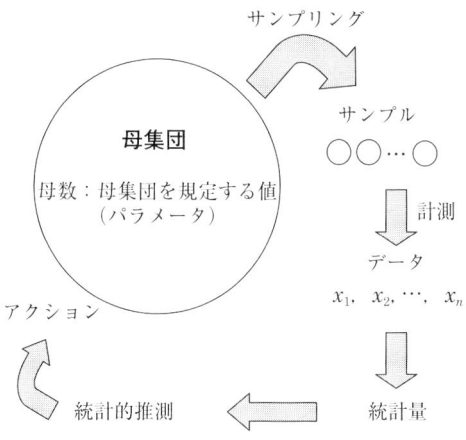

図 1.2.1　母集団とサンプル

のデータは，分子の性質により計量値か計数値かどちらのデータかが決まります．例えば，不良率（JISでは不適合品率といいます）は不良の個数を検査した個数で割って求めますから，分子は不良の個数なので計数値のデータとなります．

計量値のデータが従う分布として最もよく用いられる正規分布（normal distribution）は，母平均 μ と母分散 σ^2 の2つの母数（パラメータ）により規定され，$N(\mu, \sigma^2)$ と表記されます．その確率密度関数は次式で表されます．

$$f(x) = \frac{1}{\sqrt{2\pi}\,\sigma} \exp\left[-\frac{(x-\mu)^2}{2\sigma^2}\right] \tag{1.2.1}$$

一例として正規分布 $N(2, 3^2)$ を図 1.2.2(a)に示します．（母）標準偏差は確率密度関数の変曲点（曲率の符号が変わる点）から縦軸に下した垂線の長さに相当することに注意します．また，確率密度関数と横軸で囲まれた面積（確率密度関数をマイナス無限大からプラス無限大まで積分した値）は全確率の法則で1となりますから，母標準偏差が小さくなると山が高くなり，大きくなるとなだらかになります．

正規分布には母数が2つあるため，このままでは取扱いが面倒です．そこ

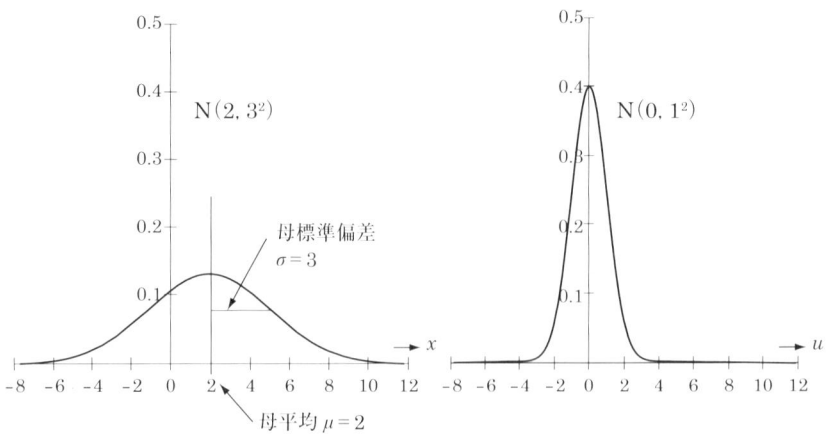

(a) 正規分布 $N(2, 3^2)$ の確率密度関数　　(b) 標準正規分布の確率密度関数

図 1.2.2

で，規準化と呼ばれる次のような変数変換を行います．

$$u = \frac{x - \mu}{\sigma} \tag{1.2.2}$$

そうすると，変換された u は確率密度関数

$$g(u) = \frac{1}{\sqrt{2\pi}} \exp\left(-\frac{u^2}{2}\right) \tag{1.2.3}$$

に従います．つまり，標準正規分布と呼ばれる，母平均がゼロで分散が1の正規分布 $N(0, 1^2)$ に従います．この分布は，図1.2.2(b)に示すような形状の分布です．このように，どのような正規分布も式(1.2.2)の規準化を行うと標準正規分布に変換できるのです．したがって，検討対象となっている正規分布の母平均や母分散がどのような値であっても，規準化を行って標準正規分布に変換してから検討することができます．これにより，正規分布の確率などは，既に求められている標準正規分布の確率などを数値表から読み取って利用することができるのです．

1.3 期待値と分散

一般には，母集団の分布はわかっていないために統計的な方法によって母集団の性質を推測する必要があります．しかし，さいころを振ったときに出る目の数が従う分布は次のように明示的に表すことができます．まず，さいころを振ったときに出る目の数を表す確率変数を X，その実現値を x とします．そうすると，確率変数 X が実現値 x をとる確率は，

$$\Pr(X=x) = \frac{1}{6}, \quad (x=1, 2, \cdots, 6) \tag{1.3.1}$$

と表せます．これは，さいころを振って出る目は 1 から 6 までであり，それらのいずれも同じ 1/6 の確率で現れるという意味です．この式には未知数は含まれていませんから，母集団について，期待値（母平均）や母分散を計算することができます．期待値（expectation, expected value）は母平均とも呼ばれ，次のようにして計算できます．

$$\mu = E(X) = \sum_{x=1}^{6} x \times \Pr(X=x) = \frac{1+2+3+4+5+6}{6} = 3.5 \tag{1.3.2}$$

母分散は，次のように定義して母集団のばらつき具合を表します．

$$\sigma^2 = V(X) = E[X - E(X)]^2 = E(X^2) - [E(X)]^2 \tag{1.3.3}$$

つまり，母分散は（確率変数の 2 乗の期待値）から（期待値の 2 乗）を引いて求めることができます．さいころの場合について計算すると，確率変数の 2 乗の期待値は次のように計算できます．

$$E(X^2) = \sum_{x=1}^{6} x^2 \times \Pr(X=x) = \frac{1^2+2^2+3^2+4^2+5^2+6^2}{6} = \frac{91}{6} = 15.167 \tag{1.3.4}$$

したがって，母分散は次のようになります．

$$\sigma^2 = E(X^2) - [E(X)]^2 = \frac{91}{6} - \left(\frac{21}{6}\right)^2 = 2.917 \tag{1.3.5}$$

また，標準偏差は平方根をとって次のように求められます．

$$\sigma = \sqrt{2.917} = 1.708 \tag{1.3.6}$$

ここで,さいころを 10 回振って出た目を記録したデータを表 1.3.1 に示します.反復を 3 回行っています.

表 1.3.1 さいころ振りで得られたデータ

	1 回	2 回	3 回
1	4	3	6
2	2	5	4
3	3	2	3
4	3	4	2
5	4	2	2
6	3	4	6
7	5	6	1
8	2	3	2
9	4	2	4
10	6	2	1
平均	3.6	3.3	3.1
標準偏差	1.265	1.418	1.853

表 1.3.1 のデータについて求めた,平均 3.6,3.3,3.1 は母平均を推定した値であることから,母平均 $\mu = 3.5$ の推定値と呼ばれます.また,標準偏差,1.265,1.418,1.853 は母標準偏差の推定値です.母数は一定の値ですが,推定値はデータから求めた統計量ですから,データが違えば,違った値となります.

一般に,母数はギリシャ文字で表すのが習慣です.また,その推定量は"山形(ハット)"を付けて表します.例えば,母平均 μ の推定量はデータの平均ですから,次のように表すことができます.

$$\hat{\mu} = \bar{x} = \frac{\sum_{i=1}^{n} x_i}{n} \tag{1.3.7}$$

1.4 平均の分布

正規分布 $N(\mu, \sigma^2)$ からの大きさ n のランダムサンプルの平均,

$$\bar{x} = \frac{x_1 + x_2 + \cdots + x_n}{n} \tag{1.4.1}$$

は,統計量なのでサンプルが変われば値も変わります.したがって,確率変数と考えられます.そこで,平均 $\bar{x}$ の分布（期待値と分散）について考えてみます.期待値は,$E(x_i) = \mu$,$(i = 1, 2, \cdots, n)$ ですから,

$$E(\bar{x}) = E\left(\frac{x_1 + x_2 + \cdots + x_n}{n}\right) = \frac{E(x_1) + E(x_2) + \cdots + E(x_n)}{n} = \frac{n\mu}{n} = \mu \tag{1.4.2}$$

と計算されます.分散は,$V(x_i) = \sigma^2$,$(i = 1, 2, \cdots, n)$ なので,次のように計算できます.

$$V\left(\frac{x_1 + x_2 + \cdots + x_n}{n}\right) = \frac{V(x_1) + V(x_2) + \cdots + V(x_n)}{n^2} = \frac{n\sigma^2}{n^2} = \frac{\sigma^2}{n} \tag{1.4.3}$$

すなわち,図 1.4.1 に示すように平均 $\bar{x}$ の期待値は,もとの分布の期待値 μ と変わらずに,分散だけがもとの分布の分散 σ^2 の $1/n$ 倍に小さくなります.標準偏差で考えると,もとの標準偏差の $1/\sqrt{n}$ 倍に小さくなるといっても同じことです.経験的に,何となくデータが多いほうが安心して平均の値を議論できるのは,式(1.4.3)が示すように,n が大きくなればいくらでも平均の分散を小さくでき,限りなく母平均に近い値を得ることができるからです.

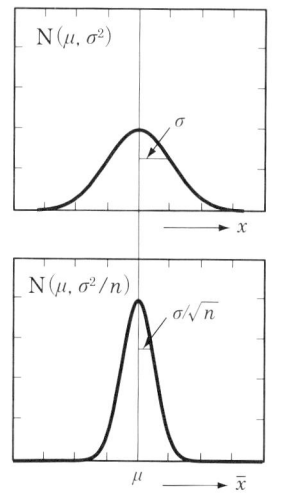

図 1.4.1 正規分布と平均の分布

2章

統計的推測

2.1 分散比の検定

　どのような作業でも，安全で間違いがなく質の高いやり方が求められることはいうまでもありません．しかし，"人間は考える葦"ですから，同じ作業でもそれぞれに工夫していくうちに，異なるやり方をするようになるものです．その結果，かえって製品のばらつきが大きくなってしまうことがあります．このようなことが起きないように，ばらつきの大きい作業については，作業のやり方や手順を研究してもっとも好ましいと考えられる"標準作業"を定め，作業者がそれを守って作業するようにします．こうした活動を組織的に行うことを"標準化"と呼びます．

　標準化による効果があったかどうかを検討するためには，標準化前後のばらつきを比べることが大切です．いま，ある工程で組立て作業に従事している作業者の標準化前後の作業時間を測定したところ表 2.1.1 のようだったとします．標準化後のデータが1つ多いのは，需要増に対応して作業者を増やしたためです．このデータから，標準化の効果があったといえるかどうか考えてみます．

表 2.1.1　作業時間のデータ

単位 s

標準化前 (x)	19.4	17.5	20.5	22.6	22.4	23.5	—
標準化後 (y)	17.1	16.7	18.8	17.9	17.2	18.5	18.2

図 2.1.1 のヒストグラムをみると，(a)標準化前より(b)標準化後のほうが，ばらつきが小さくなっているようです．平均も小さくなっているようですが，これは標準化の副次効果であって，標準化の狙いはばらつきの減少です．

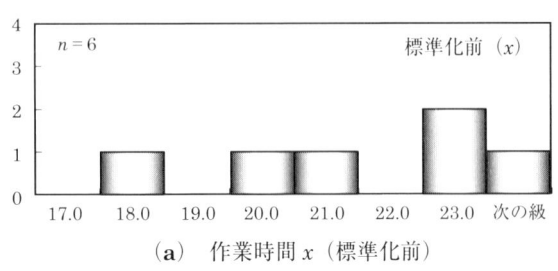

(**a**) 作業時間 x（標準化前）

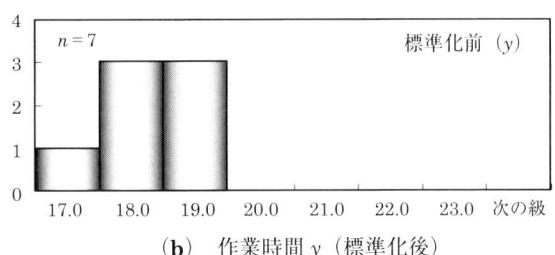

(**b**) 作業時間 y（標準化後）

図 **2.1.1** 作業時間（s）のヒストグラム

まず，標準化前（x）と後（y）のデータから，それぞれの不偏分散を計算します．

標準化前のデータの合計は，

$$T_x = \sum_{i=1}^{6} x_i = 125.9 \tag{2.1.1}$$

より，平均と修正項はそれぞれ次のように求められます．

$$\bar{x} = \frac{\sum_{i=1}^{6} x_i}{6} = \frac{125.9}{6} = 20.98 \tag{2.1.2}$$

$$CT_x = \frac{125.9^2}{6} = 2\,641.80 \tag{2.1.3}$$

同様に，標準化後のデータの合計は，

2.1 分散比の検定

$$T_y = \sum_{i=1}^{7} y_i = 124.4 \tag{2.1.4}$$

となるので，平均と修正項はそれぞれ次のように求められます．

$$\bar{y} = \frac{\sum_{i=1}^{7} y_i}{7} = 17.77 \tag{2.1.5}$$

$$CT_y = \frac{124.4^2}{7} = 2\,210.77 \tag{2.1.6}$$

したがって，標準化前後の平方和は，それぞれ次のようになります．

$$S_x = \sum_{i=1}^{6} x_i^2 - CT_x = 2\,667.63 - 2\,641.80 = 25.83 \tag{2.1.7}$$

$$S_y = \sum_{i=1}^{7} y_i^2 - CT_y = 2\,214.48 - 2\,210.77 = 3.71 \tag{2.1.8}$$

また，不偏分散はそれぞれ次のように求められます．

$$V_x = \frac{S_x}{6-1} = \frac{25.83}{5} = 5.166 \tag{2.1.9}$$

$$V_y = \frac{S_y}{7-1} = \frac{3.71}{6} = 0.619 \tag{2.1.10}$$

そうすると，

$$F_0 = \frac{V_x}{V_y} = \frac{5.166}{0.619} = 8.345 \tag{2.1.11}$$

となるので，標準化前のばらつきは標準化後のそれの8倍以上だったことから，標準化の効果があったと考えられます．同じことですが，標準化後のばらつきは標準化前のおよそ1/8と小さくなったということもできます．

この例では，標準化前後で8倍以上もばらつきが変わったのですから，効果があったと考えるのは自然ですが，それでは，2倍や3倍だったら効果があったといってよいかどうか判断に迷います．そのためには，統計的仮説検定の考え方が必要になります．統計的仮説検定は次のような手順で行います．

◀ 手順1　仮説の設定

帰無仮説 H_0 と対立仮説 H_1 を次のように設定します．

$$\left. \begin{array}{l} H_0 : \sigma_x^2 = \sigma_y^2 \\ H_1 : \sigma_x^2 \neq \sigma_y^2 \end{array} \right\} \quad (2.1.12)$$

ここで，σ_x^2 と σ_y^2 は，それぞれ標準化前後のばらつきを表す分散です．ばらつきを小さくするために標準化を行ったのですから，当然，帰無仮説ではなく対立仮説が成り立っていることが期待されます．しかし，そこを我慢して，とりあえず，帰無仮説が成り立っていると仮定するのです．この仮定の下で論理を展開していき，データの示す事実と合わない矛盾を導くことによって，当初の仮定が誤りで，実は対立仮説が成り立っていることを主張しようという考えです．

やや回りくどい論法を使うのは，数学で用いられる背理法（逆理法）と同じです．典型的な例としては，"$\sqrt{2}$ は無理数である"ことを証明する問題があります．この命題を証明するためには，無理数だと思いつつも，とりあえず，有理数と仮定します．そうすると，互いに素な正の整数 p 及び q を用いて，$\sqrt{2} = q/p$ のように表すことができます．両辺を2乗して変形すると，$q^2 = 2p^2$ となります．これから，q は偶数でなければならないことになりますから，$q = 2m$ とおくことにします．そうすると，$4m^2 = 2p^2$ となるので，p も偶数ということになります．つまり，p と q は互いに素であるのにもかかわらず，どちらも偶数である（2という約数をもつ）という矛盾が生じます．これは，最初に $\sqrt{2}$ が有理数だと仮定したことが誤りだったからだとしか考えようがありません．したがって $\sqrt{2}$ は無理数でなければならないという証明法です．

◀ 手順2　検定統計量の計算

検定に用いる統計量を検定統計量といいます．ここでは，ばらつきを比べるために，不偏分散を求めてそれらの比を計算します．このとき，比が1より大きくなるように分母と分子を決めます．理由は，AはBの8.345倍だというのも，BはAの0.120分の1倍だというのも同じですから，1倍より大きくなるほうだけを考えればよいように分母と分子を決めようということです．

2.1 分散比の検定

このようにして求めた不偏分散の比 $F_0 = V_x/V_y$ は，帰無仮説のもとでは，第1自由度が φ_x，第2自由度が φ_y の F 分布に従うことが知られています．例えば，第1と第2の自由度がそれぞれ5及び6の F 分布の確率密度関数 $F(5, 6)$ は，図2.1.2のように右に裾を引いた形状をしています．図2.1.2には，分散比 $V_y/V_x = 0.120$ と $V_x/V_y = 8.345$ を示しています．

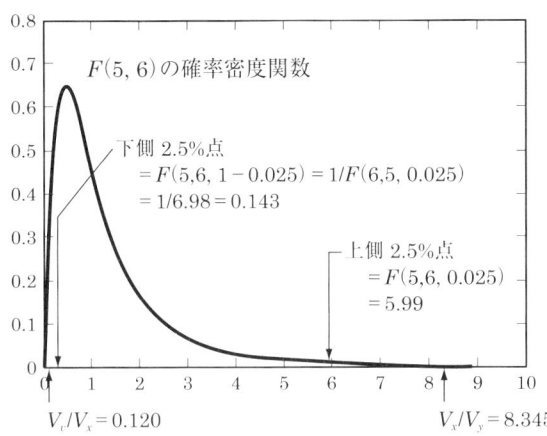

図 2.1.2 F 分布の確率密度関数

◀手順3 判 定

図2.1.2で，上側2.5%点というのは，横軸で5.99以上になる確率が2.5%となる点を表しています．したがって，$V_x/V_y = 8.345$ という大きい値が現れることは，確率で2.5%以下だということになります．同様に，下側2.5%点というのは，横軸で0.143以下になる確率が2.5%となる点です．すなわち，$V_y/V_x = 0.120$ という小さい値が現れる確率は2.5%以下であることを示しています．

このように2.5%という小さい確率で起きることを，めったに起きないことが起きたと考えて，帰無仮説が成り立っていると仮定したことが誤りだったからだと結論付けるのです．つまり，分散比と上側2.5%点を比較して，

$$F_0 = \frac{V_x}{V_y} = \frac{5.166}{0.619} = 8.345 \geqq F(5, 6, 0.025) = 5.99 \tag{2.1.13}$$

となるので，"めったに起きないことが起きた"から，帰無仮説が成り立っているとは考えられないというわけです．

図 2.1.2 に示すように，分散比は分母と分子の取り方によって値が逆数の関係になりますから，上側でも下側でもどちらか片方について検討すればよいのです．つまり，上側で議論していることは下側についても同じことですから，上側で 2.5％点を取り上げることは，下側で 2.5％を取り上げていることになります．したがって，両側では 5％の確率を考慮していることになります．

そこで，統計的仮説検定の結論を "危険率 5％で帰無仮説を棄却する" といいます．又は "危険率 5％で分散は異なる" ということもできます．上側 2.5％点と分散比を比較していますが，実は，逆数を考えれば 1 より小さい下側についても考慮しているので，両側で 5％になるということです．危険率は有意水準とも呼ばれます．"危険率" とは，帰無仮説が成り立っていても，誤って帰無仮説を棄却してしまう確率という意味です．

2.2 母平均に関する検定

母平均に関する検定で基本となるのは，母平均がある特定の値と等しいといってよいかどうかを検討することです．その場合，標準偏差がわかっている場合とそうでない場合があります．標準偏差がわかっている場合というのは，実際には考えにくいのですが，母平均に関する検定の考え方を理解しやすいので取り上げることにします．

いま，ひもの長さが 100 cm の振り子をつくり，周期を 5 回測定したところ，表 2.2.1 のようなデータが得られました．

標準偏差は $\sigma = 0.05$ s であることがわかっているものとして，周期が理論値の $T = 2\pi\sqrt{l/g} = 2.0$ s といってよいかどうか検定します．次のような手順で行います．

2.2 母平均に関する検定

表 2.2.1 振り子の周期

単位 s

| 1.97 | 2.09 | 2.00 | 1.94 | 2.01 |

◀**手順1 仮説の設定**

$$H_0 : \mu = \mu_0 = 2.0 \\ H_1 : \mu \neq \mu_0 = 2.0 \tag{2.2.1}$$

◀**手順2 検定統計量の計算**

平均が 2.0 s と等しいかどうかが問題ですから，その差に注目します．平均は，

$$\bar{x} = \frac{1.97 + 2.09 + 2.00 + 1.94 + 2.01}{5} = 2.002 \tag{2.2.2}$$

と求められますから，その差が，標準偏差の何倍になっているかを次の検定統計量で評価します．

$$u_0 = \frac{\bar{x} - \mu_0}{\sigma/\sqrt{n}} = \frac{2.002 - 2.0}{0.05/\sqrt{5}} = 0.089\,4 \tag{2.2.3}$$

◀**手順3 判　定**

帰無仮説が成り立っていると仮定すれば，周期は正規分布 $N(2.0, 0.05^2)$ に従うので，検定統計量 u_0 は標準正規分布 $N(0, 1^2)$ に従います．ここでも，危険率（有意水準）を $\alpha = 0.05$ とします．検定統計量の分子に注目すると差はプラスとマイナスが考えられるので，絶対値をとって比較する必要があります．ここで，標準正規分布の上側 100α ％点を $u(\alpha)$ と表すことにすると，$u(0.025) = 1.960$ ですから，$|u_0| = 0.089\,4 \leqq u(0.025) = 1.960$ となります．つまり，検定統計量の値が $-1.960 \leqq |u_0| = 0.089\,4 \leqq 1.960$ となる確率は 95％です．これらの値は図 2.2.1 に記入してあるので参照してください．したがって，帰無仮説が成り立っていると仮定しても誤りとはいえないことになります．この結論を"危険率 5％で帰無仮説を採択する"とか"危険率 5％で，母平均が 2.0 s と異なるとはいえない"と表現します．普通は，異なるとはいえないというのは，等しいといえるということですが，この場合にわざわざ"異

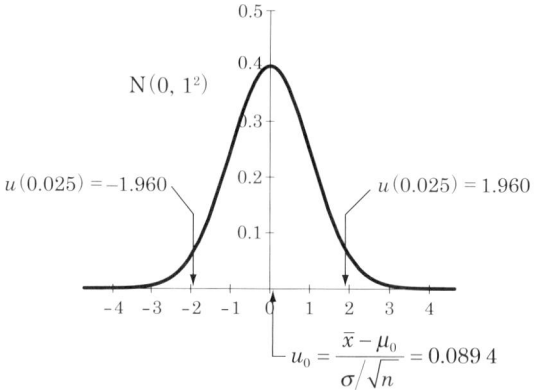

図 2.2.1　標準正規分布と検定統計量及び両側 5％点

なるとはいえない"という婉曲な表現をするのには理由があります．一つは，"等しい"というのは数学ではぴったり一致していることを指しますが，データにはばらつきが付随しているため"等しい"という言い方を避けています．もう一つの理由は，本当は帰無仮説ではなく対立仮説が成り立っているかもしれないけれども，5 個という少ないデータでは，それを明らかにすることができなかったのかもしれないという含みをもたせるためです．

　対立仮説が成り立っているとき，それを正しく検出する確率を検出力といいます．検出力は，対立仮説が帰無仮説から乖離している程度が大きいほど，また，データが多いほど高くなります．

　表 2.2.1 のデータについて，標準偏差が未知のときは次のようにして検定します．

◀手順 1　仮説の設定

$$\left.\begin{array}{l} H_0 : \mu = \mu_0 = 2.0 \\ H_1 : \mu \neq \mu_0 = 2.0 \end{array}\right\} \qquad (2.2.4)$$

◀手順 2　標準偏差の推定

標準偏差は未知なので，データから推定します．まず，データの偏差平方和

は，

$$S = \sum_{i=1}^{5} x_i^2 - \frac{\left(\sum_{i=1}^{5} x_i\right)^2}{5} = 20.052\,7 - 20.040\,0 = 0.012\,7 \tag{2.2.5}$$

となるので，不偏分散は，$V = S/(n-1) = 0.012\,7/4 = 0.003\,2$ となり，標準偏差は，$\sqrt{V} = 0.056\,3$ と推定されます．

◀手順3　検定統計量の計算

帰無仮説 H_0 が成り立っているとすれば，検定統計量

$$t_0 = \frac{\bar{x} - \mu_0}{\sqrt{V}/\sqrt{n}} = \frac{2.002 - 2.0}{0.056\,3/\sqrt{5}} = 0.079\,4 \tag{2.2.6}$$

は図 2.2.2 に示す自由度 $(5-1) = 4$ の t 分布に従うことが知られています．

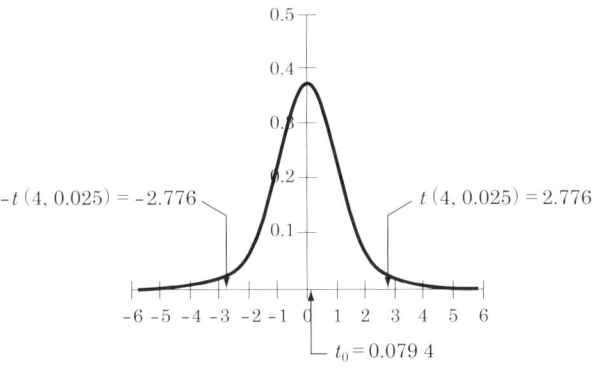

図 **2.2.2**　自由度 4 の t 分布

◀手順4　判　定

自由度 φ の t 分布の上側 $100\alpha\%$ 点を $t(\phi, \alpha)$ で表すと，$t(4, 0.025) = 2.776$ となります。したがって，図 2.2.2 に示すように，$|t_0| = 0.079\,4 \leqq t(4, 0.025) = 2.776$ となるから，帰無仮説は採択され，危険率 5% で母平均が 2.0 s と異なるとはいえないという結論が得られます．

2.3 母平均の区間推定

母平均はデータから通常の算術平均で推定することができます.このように,母平均を1つの値で推定した値を点推定値(point estimate)といいます.しかし,算術平均は統計量ですからデータによって異なる値をとります.母平均を推定するのに,推定値としていろいろな値が出てくるのは何となく違和感を覚えます.

そこで,信頼率と呼ばれる確率で母平均が含まれる区間を推定する方法が考えられました.これを区間推定(interval estimation)といいます.区間推定は,検定における判定の手順から導くことができます.つまり,標準偏差がわかっている場合には,

$$|u_0| = \frac{|\bar{x} - \mu_0|}{\sigma/\sqrt{n}} = \frac{|2.002 - 2.0|}{0.05/\sqrt{5}} = 0.089\,4 \leq u(0.025) = 1.960 \quad (2.3.1)$$

となったときに,帰無仮説を採択すると判定します.帰無仮説を採択するということは,母平均は2.0 sと異なるとはいえないということです.そうすると,帰無仮説が採択されるような検定統計量の値となる平均$\bar{x}$は母平均の推定量と考えて差し支えないということになります.

そこで,検定における判定の不等式,

$$\frac{|\bar{x} - \mu_0|}{\sigma/\sqrt{n}} \leq u(0.025) = 1.960 \quad (2.3.2)$$

をμ_0について解いて,改めて母平均の推定値ということで$\hat{\mu}$とおくと次式を導くことができます.

$$\bar{x} - 1.960 \times \frac{\sigma}{\sqrt{n}} \leq \hat{\mu} \leq \bar{x} + 1.960 \times \frac{\sigma}{\sqrt{n}} \quad (2.3.3)$$

危険率は5%ですから,信頼率95%でこの区間に母平均が含まれることになります.表2.2.1のデータから計算すると信頼率95%の信頼区間は次のように求められます.

$$1.958 \leq \hat{\mu} \leq 2.046 \quad (2.3.4)$$

標準偏差が未知の場合には,同様に考えることにより,信頼率95％の区間推定は次のように導かれます.

$$\bar{x} - t(n-1, 0.025) \times \frac{\sqrt{V}}{\sqrt{n}} \leq \hat{\mu} \leq \bar{x} + t(n-1, 0.025) \times \frac{\sqrt{V}}{\sqrt{n}} \quad (2.3.5)$$

ここで,$t(4, 0.025) = 2.776$ なので,表 2.2.1 のデータから信頼区間を計算すると次のように求められます.

$$1.932 \leq \hat{\mu} \leq 2.072 \quad (2.3.6)$$

母平均の区間推定は,図 2.3.1 に示すようにその区間に母平均が含まれることをいっているのであり,個々のデータが含まれるわけではありません.

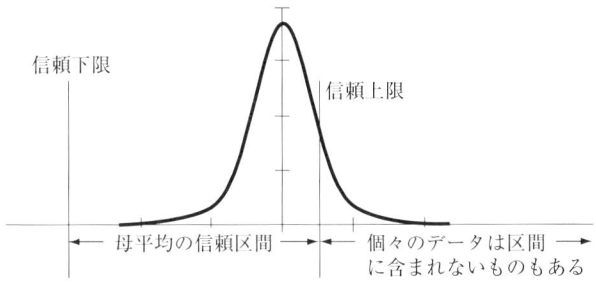

図 2.3.1　母平均の信頼区間と母集団の関係

2.4　母平均の差に関する検定

2つのものを比較することによって,いろいろな相違を発見し知見を獲得することができます."比較は科学の1つの原理"ということができます.したがって,さまざまな場面で比較することが行われます.データを解析する場合にもっとも使われる手法の一つは2つの母集団の母平均を比較することで,母平均の差に関する検定と呼ばれます.

いま,図 2.4.1 に示すように2つの母集団 X 及び Y があるとき,それぞれの母平均 μ_x と μ_y に差があるといってよいかどうかを考えます.このとき,標準偏差は未知であるが,2つの母集団で等しいと仮定します.母平均について

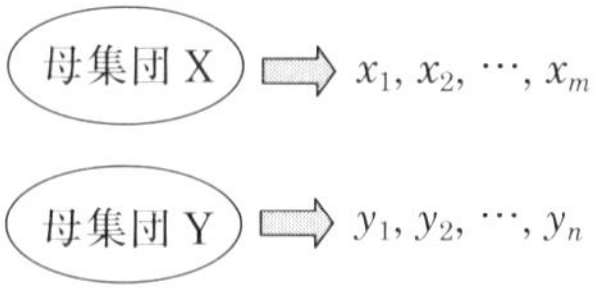

```
母集団 X  ⟹  x_1, x_2, ⋯, x_m

母集団 Y  ⟹  y_1, y_2, ⋯, y_n
```

図 2.4.1 母平均の差に関する検定

等しいかどうか調べるのですから，それぞれの平均を $\bar{x}$ 及び $\bar{y}$ として，その差，

$$\bar{x} - \bar{y} = \frac{\sum_{i=1}^{m} x_i}{m} - \frac{\sum_{i=1}^{n} y_i}{n} \tag{2.4.1}$$

に注目します．標準偏差は未知ですが，2つの母集団で等しいという仮定から，以下のようにして推定します．まず，次のようにそれぞれの偏差平方和を求めます．

$$S_x = \sum_{i=1}^{m} x_i^2 - \frac{\left(\sum_{i=1}^{m} x_i\right)^2}{m} \quad (\text{自由度 } \varphi_x = m - 1) \tag{2.4.2}$$

$$S_y = \sum_{i=1}^{n} y_i^2 - \frac{\left(\sum_{i=1}^{n} y_i\right)^2}{n} \quad (\text{自由度 } \varphi_y = n - 1) \tag{2.4.3}$$

そこで，次のように，偏差平方和を合計して自由度の合計で割り，平方根をとって標準偏差を推定します．

$$\hat{\sigma} = \sqrt{\frac{S_x + S_y}{\varphi_x + \varphi_y}} = \sqrt{\frac{S_x + S_y}{m + n - 2}} \tag{2.4.4}$$

帰無仮説を $H_0 : \mu_x = \mu_y$ とすれば，この帰無仮説のもとでは平均の差の期待値は次のようになります．

$$E(\bar{x} - \bar{y}) = E(\bar{x}) - E(\bar{y}) = \mu_x - \mu_y = 0 \tag{2.4.5}$$

また，分散は次のように計算できます．

$$V(\bar{x} - \bar{y}) = V(\bar{x}) + V(\bar{y}) = \frac{\hat{\sigma}^2}{m} + \frac{\hat{\sigma}^2}{n} = \hat{\sigma}^2 \left(\frac{1}{m} + \frac{1}{n}\right) \tag{2.4.6}$$

これらから，検定統計量を，

$$t_0 = \frac{\bar{x} - \bar{y}}{\hat{\sigma}\sqrt{\dfrac{1}{m} + \dfrac{1}{n}}} \tag{2.4.7}$$

で求めて，

$$|t_0| \geqq t(m + n - 2, 0.025) \tag{2.4.8}$$

なら，危険率5%で帰無仮説を棄却することになります．

ここまでの議論をもとに，表 2.4.1 に示す振り子の周期のデータについて母平均の差に関する検定を行ってみます．

表 2.4.1 振り子の周期

単位 s

No.	100 cm 周期	60 cm 周期
1	1.97	1.40
2	2.09	1.42
3	2.00	1.59
4	1.94	1.49
5	2.01	1.43
6	2.03	1.46
7	1.95	1.39
8	2.02	1.43
9	2.01	1.43
10	2.11	—

◀手順 1　仮説の設定

振り子のひもの長さが 100 cm と 60 cm のときの周期の母平均を，それぞれ μ_{100} 及び μ_{60} として仮説を次のように設定します．

$$\left.\begin{array}{l} H_0 : \mu_{100} = \mu_{60} \\ H_1 : \mu_{100} \neq \mu_{60} \end{array}\right\} \tag{2.4.9}$$

◀手順 2　標準偏差の推定

偏差平方和はそれぞれ次のように求められます．

$$S_{100} = \sum_{i=1}^{10} x_i^2 - \frac{\left(\sum_{i=1}^{10} x_i\right)^2}{10} = 40.548\,7 - 40.512\,7 = 0.027\,0 \qquad (2.4.10)$$

$$S_{60} = \sum_{i=1}^{9} x_i^2 - \frac{\left(\sum_{i=1}^{9} x_i\right)^2}{9} = 18.923\,0 - 18.893\,5 = 0.029\,5 \qquad (2.4.11)$$

したがって，標準偏差は次のように推定できます．

$$\hat{\sigma} = \sqrt{\frac{0.027\,0 + 0.029\,5}{9+8}} = \sqrt{\frac{0.056\,5}{17}} = 0.057\,6 \qquad (2.4.12)$$

◀ 手順 3　検定統計量の計算

平均は，それぞれ次のように計算されます．

$$\bar{x}_{100} = \frac{20.13}{10} = 2.013 \qquad (2.4.13)$$

$$\bar{x}_{60} = \frac{13.04}{9} = 1.449 \qquad (2.4.14)$$

したがって，検定統計量は次のようになります．

$$t_0 = \frac{\bar{x}_{100} - \bar{x}_{60}}{\hat{\sigma}\sqrt{\dfrac{1}{m} + \dfrac{1}{n}}} = \frac{2.013 - 1.449}{0.057\,6\sqrt{\dfrac{1}{10} + \dfrac{1}{9}}} = 21.297 \qquad (2.4.15)$$

◀ 手順 4　判　定

自由度 $(9+8) = 17$ の t 分布の両側 5% 点は $t(17, 0.025) = 2.110$ なので，

$$|t_0| = 21.297 \geqq t(17, 0.025) = 2.110 \qquad (2.4.16)$$

より，危険率 5% で帰無仮説は棄却されます．すなわち，危険率 5% で周期の母平均に差があるといえます．

2.5 データに対応がある場合の母平均の差に関する検定

ある特性値の測定方法にAとBの2種類があります．従来，A法を用いてきましたが，最近になってB法を用いた簡便な測定法が開発されました．両者に違いがなければ，簡便なB法を採用したいという場合があります．このような場合に用いられるのが，対応のあるデータの母平均の差に関する検定です．

特性値を測定したい対象（母集団）から n 個のサンプルを無作為に抽出し，i 番目のサンプルを測定法AとBで測定して得られたデータをそれぞれ x_i 及び y_i とします．ここで，"対応がある"というのは，添字 i のついているデータ x_i と y_i は，同じサンプルを測定して得られたことを意味しています．これらのデータから，次のようにして，測定法による違いがあるか検定することができます．

◀手順1　仮説の設定

対応のあるデータの差の母平均を μ_d として，仮説を次のように設定します．

$$\left. \begin{array}{l} H_0 : \mu_d = 0 \\ H_1 : \mu_d \neq 0 \end{array} \right\} \tag{2.5.1}$$

◀手順2

データの差 $d_i = x_i - y_i$ の平均 $\bar{d}$ と不偏分散 V_d をそれぞれ次のように求めます．

$$\bar{d} = \frac{\sum_{i=1}^{n} d_i}{n} \tag{2.5.2}$$

$$V_d = \frac{\sum_{i=1}^{n} d_i^2 - \left(\sum_{i=1}^{n} d_i \right)^2 \bigg/ n}{n-1} \tag{2.5.3}$$

◀手順3　検定統計量の計算

$$t_0 = \frac{\bar{d}}{\sqrt{V_d/n}} \tag{2.5.4}$$

◀手順4　判　定

$$|t_0| \geq t(n-1, 0.025) \tag{2.5.5}$$

ならば，有意水準（危険率）5%で帰無仮説 H_0 を棄却します．すなわち，母平均に差があるといえます．

いま，表 2.5.1 のような対応のあるデータが得られたとして，母平均に差があるといえるかどうか検定してみます．

表 2.5.1　対応のあるデータ

No.	x	y	d	d^2
1	9.7	10.2	−0.5	0.25
2	9.3	10.0	−0.7	0.49
3	9.6	11.1	−1.5	2.25
4	11.9	11.9	0.0	0.00
5	9.9	10.8	−0.9	0.81
6	11.3	11.6	−0.3	0.09
7	8.6	9.0	−0.4	0.16
8	10.3	11.3	−1.0	1.00
9	10.6	10.7	−0.1	0.01
10	9.6	10.7	−1.1	1.21
合計	100.8	107.3	−6.5	6.27

差の平均 $\bar{d}$，不偏分散 V_d はそれぞれ次のように求められます．

$$\bar{d} = \frac{-6.5}{10} = -0.650 \tag{2.5.6}$$

$$V_d = \frac{6.27 - (-6.5)^2/10}{10-1} = 0.227 \tag{2.5.7}$$

検定統計量は次のようになります．

$$t_0 = \frac{-0.650}{\sqrt{0.227/10}} = -4.312 \tag{2.5.8}$$

したがって，$|t_0| = 4.312 \geq t(9, 0.025) = 2.262$ となるので，有意水準5%で母平均に差があるといえます．

ちなみに，データの散布図を作成すると図 2.5.1 のようになります．図中には，$y = x$ に対応する直線を記入してあります．これから，x に比べると y の

ほうが大きいほうに偏っていることがわかります．このような場合には，偏りを検討して補正することにより，測定法 B を採用することも考えられます．

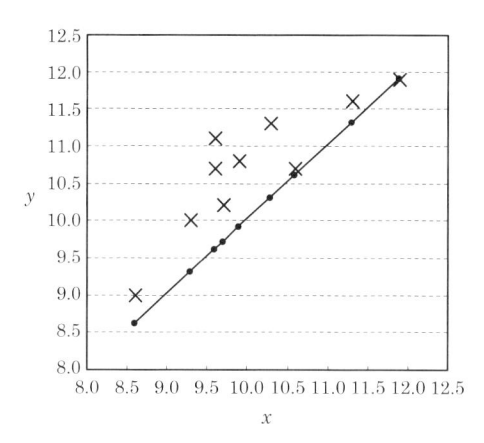

図 2.5.1 対応があるデータの散布図

3章

平方和の分解と自由度の分解

3.1 平方和の分解

　直角を挟む2辺の長さがそれぞれa及びbで斜辺の長さがcのとき，次の関係が成り立つというのがピタゴラスの定理（三平方の定理）として，よく知られています（図3.1.1）．

$$a^2 + b^2 = c^2 \tag{3.1.1}$$

これを，

$$c^2 = a^2 + b^2 \tag{3.1.2}$$

と書いても数式の意味は数学的には同じですが，工学的又は技術的には全く異なります．

　式(3.1.1)は，2つの量を加えると1つの量になることを意味しているのに対し，式(3.1.2)は，1つの量を2つの量に分解することを表しています．

　一般に，2つのものを混ぜて1つにするのは混合操作と呼ばれる単位操作

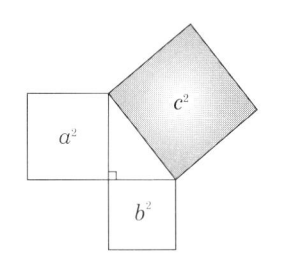

図 **3.1.1**　ピタゴラスの定理

で，比較的簡単な操作と考えられています．これに対して，1つのものを2つに分ける操作は分離操作と呼ばれ，非常に難しい操作となります．

ここで，表3.1.1に示すデータを使って，平方和の分解について考えてみましょう．データの合計は，

$$\sum_{i=1}^{5} x_i = 1+2+3+4+5 = 15 \tag{3.1.3}$$

ですから，平均と修正項はそれぞれ次のように求められます．

$$\bar{x}. = 3.0 \tag{3.1.4}$$

表 3.1.1　データ

	群 1		群 2		
データ	1	2	3	4	5
群合計	3		12		
群平均	1.5		4.0		
全体合計	15				
全体平均	3.0				
データの2乗	1	4	9	16	25
データの2乗の合計	5		50		
群合計の2乗	9		144		
全体合計の2乗	225				

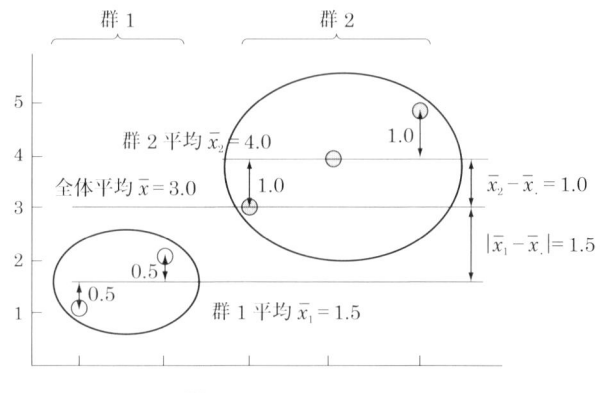

図 3.1.2　データのグラフ

$$CT = \frac{\left(\sum_{i=1}^{5} x_i\right)^2}{5} = 45 \tag{3.1.5}$$

したがって，5つのデータ全体の平方和（総平方和）は次のように求められます．

$$S_T = \sum_{i=1}^{5} x_i^2 - \frac{\left(\sum_{i=1}^{5} x_i\right)^2}{5} = 55 - 45 = 10 \tag{3.1.6}$$

群1については，合計が，

$$\sum_{i=1}^{2} x_i = 1 + 2 = 3 \tag{3.1.7}$$

となるので，平均と修正項はそれぞれ次のようになります．

$$\bar{x}_1 = 1.5 \tag{3.1.8}$$

$$CT_1 = \frac{\left(\sum_{i=1}^{2} x_i\right)^2}{2} = 4.5 \tag{3.1.9}$$

したがって，群1の平方和は次のように求められます．

$$S_1 = \sum_{i=1}^{2} x_i^2 - CT_1 = 5 - 4.5 = 0.5 \tag{3.1.10}$$

同様に，群2についても，合計は，

$$\sum_{i=3}^{5} x_i = 3 + 4 + 5 = 12 \tag{3.1.11}$$

ですから，平均と修正項はそれぞれ次のように求められます．

$$\bar{x}_2 = 4.0 \tag{3.1.12}$$

$$CT_2 = \frac{\left(\sum_{i=3}^{5} x_i\right)^2}{3} = 48.0 \tag{3.1.13}$$

したがって，群2の平方和は次のように求められます．

$$S_2 = \sum_{i=3}^{5} x_i^2 - CT_2 = 50 - 48.0 = 2.0 \tag{3.1.14}$$

ところで，ここでは群が2つありますが，平均のところで述べたように，群1には1.5というデータが2つあり，群2には4.0というデータが3つあると考えることができます．また，群が2つあるということは，群の違いから生じるばらつきがあることになります．これを群間平方和といって次のように求めることができます．

$$S_B = 2 \times (1.5 - 3.0)^2 + 3 \times (4.0 - 3.0)^2 = 7.5 \tag{3.1.15}$$

そうすると，次のように総平方和 S_T が群1と群2の平方和の和（群内平方和）S_W と群間平方和 S_B に分解できることがわかります．

$$S_T = 10.0 = (S_1 + S_2) + S_B = (0.5 + 2.0) + 7.5 \tag{3.1.16}$$

この関係は図 3.1.3 のように表すことができます．これは，いわゆる三平方の定理又はピタゴラスの定理として知られている関係であることがわかります．

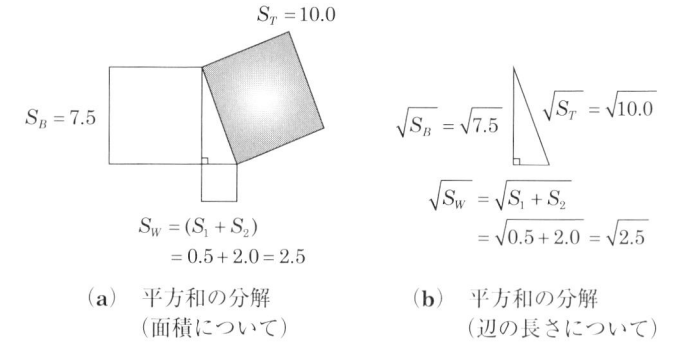

（a）平方和の分解（面積について）

（b）平方和の分解（辺の長さについて）

図 3.1.3

3.2 自由度の分解

ここで，各平方和に対応する自由度について考えてみます．総平方和の自由度は $\varphi_T = 5 - 1 = 4$，群内平方和の自由度は $\varphi_W = \varphi_1 + \varphi_2 = (2-1) + (3-1) =$

3.2 自由度の分解

3,群間平方和の自由度は $\varphi_B = 2 - 1 = 1$ です．そうすると，自由度についても，平方和と同様に次の関係があることがわかります．

$$\varphi_T = 4 = \varphi_W + \varphi_B = 3 + 1 = 4 \tag{3.2.1}$$

このように，総平方和の自由度 φ_T が群内平方和と群間平方和のそれぞれの自由度 φ_W 及び φ_B に分解できるので，自由度の分解ということがあります．

さて，偏差平方和は頻繁に計算しなければならないので計算に慣れておくことが必要です．特に，群間平方和を求めるには，次のように計算するのが普通です．

$$S_B = \frac{(1+2)^2}{2} + \frac{(3+4+5)^2}{3} - CT = 4.5 + 48.0 - 45.0 = 7.5 \tag{3.2.2}$$

つまり，群に含まれるデータの合計を2乗しデータの数で割った値の和を求めて修正項を引いて求めるのです．平均を計算しなくても平均からの偏差平方和を求めることができるので便利です．

ここで，表3.1.1のデータは，5つのデータが2つの群に分かれていることに注意してください．例えば，群1と群2が，温度20℃及び30℃に対応していて，そのとき実験で得られたデータがそれぞれ2つと3つであったと考えることができます．重要なことは，すべてのデータの平方和である総平方和が群1と群2の群内平方和と群間平方和に分解できるということです．

温度を20℃及び30℃に固定して実験しているにもかかわらず，データがばらついています．したがって，そのときのばらつきは，いわゆる実験誤差と考えることができ，その大きさを群内平方和で評価するのです．これに対し群間平方和は，温度を意図的に20℃及び30℃に変えたことにより特性が受ける影響の度合いを表していると考えられます．言い換えれば，温度が特性に影響を与えているかどうかを調べるためには，実験誤差を表している群内平方和と温度の影響を表している群間平方和を比べることにより検討できるということになります．既に述べたとおり，平方和はデータの数に依存しますから，自由度で割った平均平方（mean square）にして比べることになります．不偏分散という書物もありますが，平均平方又は平均平方和というほうが適切です．

4章

一元配置実験

4.1 一元配置実験と分散分析

実験に取り上げる要因(因子)が1つの実験を一元配置実験と呼びます.例えば,部品の強度に温度が影響を与えていそうだという場合には,温度を要因として,その条件(実験計画法では水準といいます)を,例えば,20℃,30℃,40℃のように設定して実験し強度を測定します.水準には,このように量的に条件を設定するものと,原料の種類や方法などのように質的に設定するものがあります.一般に,ある水準のもとで何回か実験を繰り返すのが普通です.そのために,繰返し n 回の一元配置実験という言い方をします.

いま,振り子のひもの長さが周期に与える影響を調べる目的で,要因Aをひもの長さとして取り上げ,その水準を 60 cm, 80 cm, 100 cm の3水準に設定して,繰返し4回の実験を行って表 4.1.1 のような結果を得たものとします.12回の実験は完全にランダムに行います.これは,フィッシャー(R.A. Fisher)の実験の三原則の1つである"無作為化の原則"で,実験の順番を完全に無作為化することにより,各実験に対する系統誤差の影響を確率化して

表 4.1.1 一元配置実験により得られたデータ

長さ (cm)	周期 (s)			
60	1.54	1.44	1.40	1.45
80	1.74	1.90	1.77	1.75
100	1.97	2.09	2.00	1.94

排除しようとするものです．言い換えれば，実験の順番をランダムにすることによって，順番が早いとか遅いとかによって，有利になったり不利になったりすることがないようにしようということです．

データの解析はデータのグラフ化から始めます．グラフにすることにより，データの大まかな特徴をつかむことが大切です．図 4.1.1 から，ひもの長さが長くなると周期が長くなるようです．また，同じ水準でもデータはばらついていますが，水準が変わってもばらつき方は同じ程度だといったことがわかります．

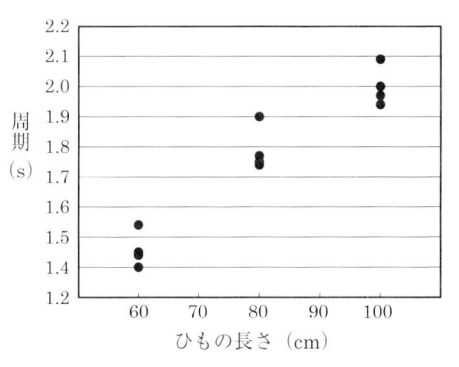

図 4.1.1 データのグラフ化

分散分析を行うために，まず，表 4.1.2 のように個々のデータの合計と水準の合計を求めます．また，データの 2 乗の値を集計し，表 4.1.3 のようにデータを 2 乗した値の合計を求めます．

第 i 水準の j 番目のデータを x_{ij} で表すことにします．そうすると，表 4.1.2 のデータの合計から修正項が次のように求められます．

表 4.1.2 データの集計表

長さ（cm）	周期（s）				水準計	水準計の 2 乗
60	1.54	1.44	1.40	1.45	5.83	33.988 9
80	1.74	1.90	1.77	1.75	7.16	51.265 6
100	1.97	2.09	2.00	1.94	8.00	64.000 0
合計					20.99	149.254 5

4.1 一元配置実験と分散分析

表 4.1.3 データの 2 乗集計表

長さ (cm)	データの 2 乗				水準計
60	2.371 6	2.073 6	1.960 0	2.102 5	8.507 7
80	3.027 6	3.610 0	3.132 9	3.062 5	12.833 0
100	3.880 9	4.368 1	4.000 0	3.763 6	16.012 6
合計					37.353 3

$$CT = \frac{\left(\sum_{i=1}^{3}\sum_{j=1}^{4} x_{ij}\right)^2}{3 \times 4} = \frac{20.99^2}{12} = 36.715\,0 \tag{4.1.1}$$

総平方和は，表 4.1.3 の合計と修正項から次のように求められます．

$$S_T = \sum_{i=1}^{3}\sum_{j=1}^{4} x_{ij}^{2} - CT = 37.353\,3 - 36.715\,0 = 0.638\,3 \tag{4.1.2}$$

第 i 水準のデータの合計を，

$$T_i = \sum_{j=1}^{4} x_{ij} \tag{4.1.3}$$

とすると，水準間平方和（要因 A の平方和ともいう）は，次のように計算できます．

$$S_A = \frac{\sum_{i=1}^{3} T_i^2}{4} - CT = \frac{149.254\,5}{4} - 36.715\,0 = 0.598\,6 \tag{4.1.4}$$

群内平方和に対応する誤差平方和は，総平方和から水準間平方和（要因 A の平方和）を引いて次のように求めることができます．

$$S_E = S_T - S_A = 0.638\,3 - 0.598\,6 = 0.039\,7 \tag{4.1.5}$$

次に，各平方和の自由度を求めます．総平方和の自由度は，

$$\varphi_T = 3 \times 4 - 1 = 11 \tag{4.1.6}$$

要因 A の平方和の自由度は，水準が 3 ですから次のように求めます．

$$\varphi_A = 3 - 1 = 2 \tag{4.1.7}$$

誤差平方和の自由度は，次のように，総平方和の自由度から要因 A の平方和の自由度を引いて求めます．

$$\varphi_E = \varphi_T - \varphi_A = 11 - 2 = 9 \tag{4.1.8}$$

以上の結果を表 4.1.4 のような分散分析表にまとめます．ここで，平均平方（mean square）は平方和を自由度で割った値で，平方和の平均という意味です．平均平方和ということもあります．F 比は次のように，要因 A の平均平方を誤差の平均平方（誤差分散）で割った値です．

$$F比 = \frac{0.29931}{0.00441} = 67.90 \tag{4.1.9}$$

表 4.1.4　一元配置実験の分散分析表

要因	平方和	自由度	平均平方	F比	検定	5%点	1%点
A	0.5986	2	0.29931	67.90	**	4.26	8.02
E	0.0397	9	0.00441				
T	0.6383	11					

F 比は，簡単にいえば，誤差に対して要因 A（ひもの長さ）の水準を変えたことによる影響の大きさを表していると考えられるので，この値が大きいほど，ひもの長さは振り子の周期に影響を与えているということができます．そのために，第 1 自由度が 2 で第 2 自由度が 9 の F 分布の上側 5%点と 1%点を求めます．このとき注意しなければいけないことは，分散分析における F 検定は片側検定だということです．その理由は，実験に取り上げた要因の影響が実験誤差の大きさに比べて統計的に有意かどうかを検定すればよいからです．

そうすると，$F(2,9,0.05) = 4.26$ 及び $F(2,9,0.01) = 8.02$ ですから，$F = 67.90 \geqq F(2,9,0.01) = 8.02$ となるので，要因 A（ひもの長さ）は"高度に有意である"といいます．つまり，統計的にひもの長さは周期に大きい影響を与えていると判断できることになります．このように高度に有意となった要因の F 比の値には"**"を付ける習慣になっています．高度に有意な要因は"1%有意"ともいわれ，当然"5%有意（単に有意ともいいます）"でもあります．1%有意ではないけれども 5%有意だというときには，F 比の値に"*"を付けるのが習慣です．本書では分散分析表の"検定"欄に記入する場合もあります．

分散分析表で要因 A が有意になったということは，要因 A の水準間のばら

4.1 一元配置実験と分散分析

つきが大きいことを意味しています．しかし，どの水準とどの水準の母平均の間に大きい差があるのかはわかりません．そのためには，水準 A_i と A_j の母平均の差を検定する必要があります．いま，それぞれの水準における母平均の推定値を $\bar{x}_{i\cdot}$ 及び $\bar{x}_{j\cdot}$ とすると，その期待値と分散は次のように評価できます．

$$E(\bar{x}_{i\cdot} - \bar{x}_{j\cdot}) = 0 \tag{4.1.10}$$

$$V(\bar{x}_{i\cdot} - \bar{x}_{j\cdot}) = \left(\frac{1}{n} + \frac{1}{n}\right)\sigma_E^2 = \frac{2}{n}\sigma_E^2 \tag{4.1.11}$$

したがって，σ_E^2 を V_E で推定して，

$$\frac{|\bar{x}_{i\cdot} - \bar{x}_{j\cdot}|}{\sqrt{2V_E/n}} \geqq t(\varphi_E, 0.05) \tag{4.1.12}$$

ならば，有意水準 5% で水準 A_i と A_j の母平均に差があるといえます．そこで，この式を変形して次のような値を求めます．

$$l.s.d(5\%) = t(\varphi_E, 0.025)\sqrt{\frac{2V_E}{n}} \tag{4.1.13}$$

これを最小有意差（least significant difference）と呼びます．この例では，次のように計算できます．

$$\begin{aligned} l.s.d(5\%) &= t(\varphi_E, 0.025)\sqrt{\frac{2V_E}{n}} = 2.262 \times \sqrt{\frac{2 \times 0.00441}{4}} \\ &= 0.1062 \end{aligned} \tag{4.1.14}$$

これより，比較したい水準同士の平均の差がこの最小有意差より大きければそれらの水準間には有意水準 5% で有意差が認められるということになります．実際に，各水準について比較した結果を表 4.1.5 に示します．すべての水

表 4.1.5 平均の差に関する検定

A_j / A_i	A_1	A_2	A_3
	1.458	1.790	2.000
A_1		−0.332*	−0.542*
A_2			−0.210*

準の間に有意差が認められることがわかります．

ちなみに，有意水準 1% の最小有意差を求めると，

$$l.s.d(1\%) = t(\varphi_E, 0.005)\sqrt{\frac{2V_E}{n}} = 3.250 \times \sqrt{\frac{2 \times 0.00441}{4}}$$
$$= 0.1526 \qquad (4.1.15)$$

となるので，有意水準 1% でいずれの水準間の平均の差も有意差が認められます．

4.2 分散分析後の母平均の推定

分散分析表を作成するということは，表を使って検定を行うことに相当します．その結果，実験に取り上げた要因が実験特性に影響を与えているかどうかを判定することができます．前節で，ひもの長さが振り子の周期に影響を与えているという結論を得ました．そうすると，次の段階としては，それぞれの水準での周期はどの程度なのか推定したいということになります．これが，分散分析後の母平均の推定です．

ここで，実験によって得られたデータ x_{ij} の構造について考えます．データは，第 i 水準で実験されたことによる "効果" と "誤差（効果）" からなると考えるのが自然です．つまり，次のように表すことを考えます．

$$x_{ij} = (第 i 水準の効果) + (誤差) = \mu_i + \varepsilon_{ij} \qquad (4.2.1)$$

ここで，水準の効果は相対的ですから，全体の平均（一般平均）からの偏差で水準の効果 α_i を表すことにすると，次のように合計がゼロとなります．

$$\sum_{i=1}^{3} \alpha_i = 0 \qquad (4.2.2)$$

こうして，データの構造式が次のように表せます．

$$x_{ij} = \mu + \alpha_i + \varepsilon_{ij} \qquad (4.2.3)$$

実験によって得られたデータ x_{ij} から，式(4.2.3)の右辺の各項を推定することにより構造を解明することができます．これらは，それぞれ次のように推定

4.2 分散分析後の母平均の推定

すればよいことは直感的にもわかります．

$$\text{一般平均：} \hat{\mu} = \bar{\bar{x}}_{..} = \frac{\sum_{i=1}^{3}\sum_{j=1}^{4} x_{ij}}{3 \times 4} = 1.749 \tag{4.2.4}$$

$$\text{第 } i \text{ 水準の効果：} \hat{\alpha}_i = \bar{x}_{i.} - \bar{\bar{x}}_{..} = \frac{\sum_{j=1}^{4} x_{ij}}{4} - \frac{\sum_{i=1}^{3}\sum_{j=1}^{4} x_{ij}}{3 \times 4} \tag{4.2.5}$$

各水準について効果を推定するとそれぞれ次のように求められます．

$$\hat{\alpha}_1 = \frac{5.83}{4} - 1.749 = -0.292 \tag{4.2.6}$$

$$\hat{\alpha}_2 = \frac{7.16}{4} - 1.749 = 0.041 \tag{4.2.7}$$

$$\hat{\alpha}_3 = \frac{8.00}{4} - 1.749 = 0.251 \tag{4.2.8}$$

誤差を推定するには，式(4.2.3)から次のようにして推定できます．

$$\hat{\varepsilon}_{ij} = x_{ij} - \hat{\mu} - \hat{\alpha}_i = x_{ij} - \bar{\bar{x}}_{..} - (\bar{x}_{i.} - \bar{\bar{x}}_{..}) = x_{ij} - \bar{x}_{i.} \tag{4.2.9}$$

したがって，行列を使うとデータの構造を次のように表すことができます．

(一般平均)
$$\begin{pmatrix} 1.54 & 1.44 & 1.40 & 1.45 \\ 1.74 & 1.90 & 1.77 & 1.75 \\ 1.97 & 2.09 & 2.00 & 1.94 \end{pmatrix} = \begin{pmatrix} 1.749 & 1.749 & 1.749 & 1.749 \\ 1.749 & 1.749 & 1.749 & 1.749 \\ 1.749 & 1.749 & 1.749 & 1.749 \end{pmatrix}$$

(水準の効果) (誤差)
$$+ \begin{pmatrix} -0.292 & -0.292 & -0.292 & -0.292 \\ 0.041 & 0.041 & 0.041 & 0.041 \\ 0.251 & 0.251 & 0.251 & 0.251 \end{pmatrix} + \begin{pmatrix} 0.083 & -0.018 & -0.058 & -0.008 \\ -0.050 & 0.110 & -0.020 & -0.040 \\ -0.030 & 0.090 & 0.000 & -0.060 \end{pmatrix}$$
$$\tag{4.2.10}$$

ここで，水準の効果を表す行列の要素の合計はゼロですから修正項もゼロになります．したがって，要素を2乗して加えると次のように要因Aの平方和に一致することがわかります．

$$\left[(-0.292)^2 + 0.041^2 + 0.251^2 \right] \times 4 = 0.598\,6 \tag{4.2.11}$$

同様に，誤差を表す行列についても，次のようにすべての要素を2乗して

加えると誤差平方和に一致します．

$$(0.083)^2 + (-0.018)^2 + \cdots + (0.000)^2 + (-0.060)^2 = 0.0397 \quad (4.2.12)$$

次に，各水準における母平均の推定について考えます．点推定は通常のように次のようにして求められます．

$$\hat{\mu}_i = \bar{x}_{i.} = \frac{\sum_{j=1}^{4} x_{ij}}{4} \quad (4.2.13)$$

データから各水準における点推定値を求めると，それぞれ次のようになります．

$$\hat{\mu}_1 = \bar{x}_{1.} = \frac{5.83}{4} = 1.458 \quad (4.2.14)$$

$$\hat{\mu}_2 = \bar{x}_{2.} = \frac{7.16}{4} = 1.790 \quad (4.2.15)$$

$$\hat{\mu}_3 = \bar{x}_{3.} = \frac{8.00}{4} = 2.000 \quad (4.2.16)$$

また，信頼率95%の母平均の区間推定は次のように求められます．

$$\bar{x}_{i.} \pm t(\varphi_E, 0.025)\sqrt{\frac{V_E}{n}} \quad (4.2.17)$$

ここで，φ_E は誤差の自由度で，V_E は誤差の不偏分散です．自由度9の t 分布の5%点は，$t(9, 0.025) = 2.262$ ですから，各水準の母平均の信頼率95%の区間推定はそれぞれ次のように求められます．

$$第1水準： \bar{x}_{1.} \pm t(9, 0.025)\sqrt{\frac{V_E}{4}} = 1.458 \pm 2.262\sqrt{\frac{0.00441}{4}}$$

$$= 1.458 \pm 0.0751 = \begin{cases} 1.533 \\ 1.382 \end{cases}$$

$$(4.2.18)$$

$$第2水準： \bar{x}_{2.} \pm t(9, 0.025)\sqrt{\frac{V_E}{4}} = 1.790 \pm 0.0751 = \begin{cases} 1.865 \\ 1.715 \end{cases}$$

$$(4.2.19)$$

第 3 水準：$\bar{x}_{3.} \pm t(9, 0.025)\sqrt{\dfrac{V_E}{4}} = 2.000 \pm 0.075\,1 = \begin{cases} 2.075 \\ 1.925 \end{cases}$

(4.2.20)

　各水準における母平均の区間推定（信頼上限，平均，信頼下限）をグラフにすると図 4.2.1 のようになります．ここでは，一元配置実験により得られたデータとして分散分析を行いましたが，量的な水準設定が行われているので，回帰分析することもできます．回帰分析によれば水準と実験特性の関係を回帰式で表すことができるので便利です．

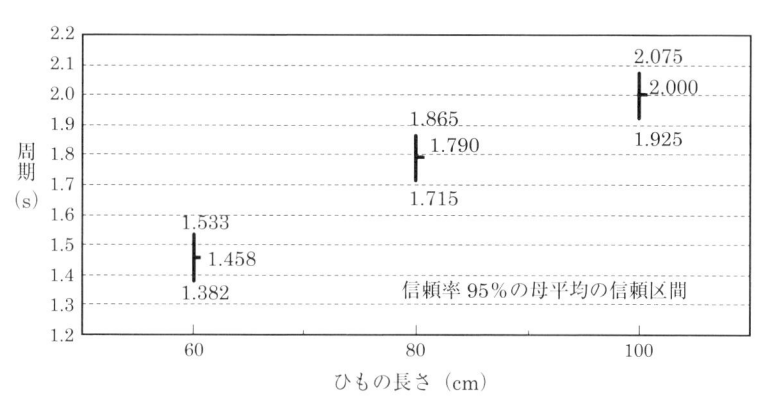

図 4.2.1 母平均の信頼区間

4.3 寄 与 率

　分散分析表は検定を行っているのと同じですから，結果としては，実験に取り上げた要因が統計的に有意かどうかしかわかりません．そこで，要因の影響を定量的に把握するために考え出されたのが"寄与率"という概念です．いま，要因 A の平方和の期待値を計算すると次式のようになります．

$$E(S_A) = E\left[n\sum_{i=1}^{a}(\bar{x}_{i.} - \bar{\bar{x}})^2\right] = E\left\{n\sum_{i=1}^{a}\left[(\mu + \alpha_i + \bar{\varepsilon}_{i.}) - (\mu + \bar{\bar{\varepsilon}})\right]^2\right\}$$

$$= E\left\{n\sum_{i=1}^{a}\left[\alpha_i + (\overline{\varepsilon}_{i.} - \overline{\overline{\varepsilon}})\right]^2\right\} = nE\left[\sum_{i=1}^{a}\alpha_i^2 + 2\sum_{i=1}^{a}\alpha_i(\overline{\varepsilon}_{i.} - \overline{\overline{\varepsilon}}) + \sum_{i=1}^{a}(\overline{\varepsilon}_{i.} - \overline{\overline{\varepsilon}})^2\right]$$

$$= nE\left(\sum_{i=1}^{a}\alpha_i^2\right) + nE\left[\sum_{i=1}^{a}(\overline{\varepsilon}_{i.} - \overline{\overline{\varepsilon}})^2\right] \tag{4.3.1}$$

ここで,

$$\sigma_A^2 = \frac{\sum_{i=1}^{a}\alpha_i^2}{a-1} \tag{4.3.2}$$

及び,

$$E\left[\frac{\sum_{i=1}^{a}(\overline{\varepsilon}_{i.} - \overline{\overline{\varepsilon}})^2}{a-1}\right] = \frac{\sigma_E^2}{n} \tag{4.3.3}$$

とします.そうすると,結局,次式を得ます.

$$E(S_A) = n(a-1)\frac{\sum_{i=1}^{a}\alpha_i^2}{a-1} + n(a-1)E\left[\frac{\sum_{i=1}^{a}(\overline{\varepsilon}_{i.} - \overline{\overline{\varepsilon}})^2}{a-1}\right]$$

$$= n(a-1)\sigma_A^2 + (a-1)\sigma_E^2 \tag{4.3.4}$$

これから,要因 A の平均平方の期待値は,次のように求められます.

$$E(V_A) = E\left(\frac{S_A}{a-1}\right) = n\sigma_A^2 + \sigma_E^2 \tag{4.3.5}$$

つまり,要因 A の平均平方の期待値には,誤差分散 σ_E^2 が入っていることがわかります.そこで,要因 A の水準を変えることによって生じる変動(純変動)は,次のようにして推定します.

$$\widehat{4\varphi_A\sigma_A^2} = S_A - \varphi_A V_E \tag{4.3.6}$$

これより,要因 A が結果に与える純粋な影響の度合 ρ_A を"寄与率"として次のように定義します.

$$\rho_A = \frac{S_A - \varphi_A V_E}{S_T} \tag{4.3.7}$$

表 4.1.4 の分散分析表の値を使って,要因 A の寄与率を次のように求めるこ

とができます.

$$\rho_A = \frac{S_A - \varphi_A V_E}{S_T} = \frac{0.598\,6 - 2 \times 0.004\,41}{0.638\,3} = 0.924 \tag{4.3.8}$$

つまり,要因 A の寄与率は 92.4% ということになります.

分散分析における F 検定は片側検定であることを 4.1 節で述べました.このことは,式 (4.3.5) と誤差分散との比を計算すると,

$$\frac{E(V_A)}{E(V_E)} = 1 + n\frac{\sigma_A^{\ 2}}{\sigma_E^{\ 2}} \geqq 1 \tag{4.3.9}$$

となり,F 比は必ず 1 以上となることからも片側検定でよいことがわかります.

4.4　繰返し数が等しくない場合

一元配置実験では,各水準における繰返し数は一定として計画するのが普通です.それは,通常,繰返し数を水準によって変える積極的な理由がないからです.しかし,繰返し数が異なる場合であっても,一元配置実験を行って分散分析することは可能です.また,後述する擬水準法のように,水準によって繰返し数を変える実験の計画法もあります.

いま,k 水準の因子 A を取り上げて,第 i 水準において繰返し n_i 回の一元配置実験を行ったとします.このとき第 i 水準の効果を α_i とし,第 i 水準の j 番目のデータに付随する誤差を ε_{ij} とすれば,データの構造を次式のように考えることができます.

$$x_{ij} = \mu + \alpha_i + \varepsilon_{ij} \tag{4.4.1}$$

ここで,

$$\frac{\sum_{i=1}^{k} \alpha_i^{\ 2}}{k-1} = \sigma_A^{\ 2} \tag{4.4.2}$$

及び,

$$V(\varepsilon_{ij}) = \sigma_E^{\ 2} \tag{4.4.3}$$

とします．そうすると，第 i 水準のデータの平均とデータ全体の平均は，それぞれ次のようになります．

$$\bar{x}_{i.} = \mu + \alpha_i + \bar{\varepsilon}_{i.} \tag{4.4.4}$$

$$\bar{x}_{..} = \mu + \bar{\varepsilon}_{..} \tag{4.4.5}$$

因子 A の平方和は次式で求められます．

$$S_A = \sum_{i=1}^{k} n_i (\bar{x}_{i.} - \bar{x}_{..})^2 = \sum_{i=1}^{k} n_i \left[(\mu + \alpha_i + \bar{\varepsilon}_{i.}) - (\mu + \bar{\varepsilon}_{..}) \right]^2$$
$$= \sum_{i=1}^{k} n_i \left[\alpha_i + (\bar{\varepsilon}_{i.} - \bar{\varepsilon}_{..}) \right]^2 = \sum_{i=1}^{k} n_i \left[\alpha_i^2 + 2\alpha_i (\bar{\varepsilon}_{i.} - \bar{\varepsilon}_{..}) + (\bar{\varepsilon}_{i.} - \bar{\varepsilon}_{..})^2 \right] \tag{4.4.6}$$

したがって，平方和の期待値は次のように求められます．

$$E(S_A) = \sum_{i=1}^{k} E(n_i \alpha_i^2) + \sum_{i=1}^{k} 2 n_i \alpha_i E(\bar{\varepsilon}_{i.} - \bar{\varepsilon}_{..}) + \sum_{i=1}^{k} n_i E\left[(\bar{\varepsilon}_{i.} - \bar{\varepsilon}_{..})^2 \right] \tag{4.4.7}$$

ここで，右辺第 1 項は定数ですから，

$$\sum_{i=1}^{k} E(n_i \alpha_i^2) = \sum_{i=1}^{k} n_i \alpha_i^2 \tag{4.4.8}$$

となります．また，第 2 項は明らかに次のようになります．

$$\sum_{i=1}^{k} 2 n_i \alpha_i E(\bar{\varepsilon}_{i.} - \bar{\varepsilon}_{..}) = 0 \tag{4.4.9}$$

第 3 項については，次のように計算できます．

$$\sum_{i=1}^{k} n_i E\left[(\bar{\varepsilon}_{i.} - \bar{\varepsilon}_{..})^2 \right] = \sum_{i=1}^{k} n_i E\left[\left(\bar{\varepsilon}_{i.} - \frac{\sum_{i=1}^{k} n_i \bar{\varepsilon}_{i.}}{\sum_{i=1}^{k} n_i} \right)^2 \right]$$

$$= \sum_{i=1}^{k} n_i E\left[\bar{\varepsilon}_{i.}^2 - 2\bar{\varepsilon}_{i.} \times \frac{\sum_{i=1}^{k} n_i \bar{\varepsilon}_{i.}}{\sum_{i=1}^{k} n_i} + \frac{\left(\sum_{i=1}^{k} n_i \bar{\varepsilon}_{i.} \right)^2}{\left(\sum_{i=1}^{k} n_i \right)^2} \right]$$

$$= \sum_{i=1}^{k} n_i E(\bar{\varepsilon}_{i.}^{2}) - \frac{2\sum_{i=1}^{k} n_i E\left(\bar{\varepsilon}_{i.}\sum_{i=1}^{k} n_i \bar{\varepsilon}_{i.}\right)}{\sum_{i=1}^{k} n_i} + \frac{\sum_{i=1}^{k} n_i E\left[\left(\sum_{i=1}^{k} n_i \bar{\varepsilon}_{i.}\right)^{2}\right]}{\left(\sum_{i=1}^{k} n_i\right)^{2}}$$

$$= \sum_{i=1}^{k} n_i \frac{\sigma_E^{2}}{n_i} - \frac{2\sum_{i=1}^{k} n_i \sigma_E^{2}}{\sum_{i=1}^{k} n_i} + \frac{\sum_{i=1}^{k} n_i \sum_{i=1}^{k} n_i \sigma_E^{2}}{\left(\sum_{i=1}^{k} n_i\right)^{2}}$$

$$= k\sigma_E^{2} - 2\sigma_E^{2} + \sigma_E^{2} = k\sigma_E^{2} - \sigma_E^{2} = (k-1)\sigma_E^{2} \quad (4.4.10)$$

以上より,次式を得ます.

$$E(S_A) = \sum_{i=1}^{k} n_i \alpha_i^{2} + (k-1)\sigma_E^{2} \quad (4.4.11)$$

したがって,平均平方は次のようになります.

$$E(V_A) = E\left(\frac{S_A}{k-1}\right) = \frac{\sum_{i=1}^{k} n_i \alpha_i^{2}}{k-1} + \sigma_E^{2} \quad (4.4.12)$$

いま,表 4.4.1 のように繰返し数が異なる一元配置実験のデータが与えられたものとします.

表 4.4.1 繰返し数が異なる一元配置実験のデータと集計表

長さ (cm)	周期 (s)				水準計	(水準計)^2
60	1.54	1.44	—	—	2.98	8.880 4
80	1.74	1.90	1.77	1.75	7.16	51.265 6
100	1.97	2.09	2.00	—	6.06	36.723 6
				合計	16.20	

まず,データをグラフにすると図 4.4.1 のようになります.繰返し数が異なりますが,各水準でのばらつきはほぼ同じと考えられます.データの合計は 16.20 ですから,修正項は,

$$CT = \frac{16.20^{2}}{9} = 29.160\,0 \quad (4.4.13)$$

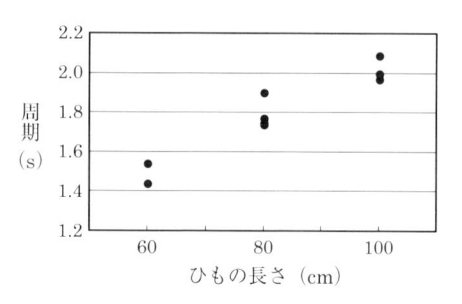

図 4.4.1 データのプロット

となります．総平方和は，データの2乗和が，29.527 2 より，次のように計算します．

$$S_T = 29.527 - CT = 0.367\,2 \tag{4.4.14}$$

その自由度は，

$$\varphi_T = 9 - 1 = 8 \tag{4.4.15}$$

となります．因子 A の平方和は，

$$S_A = \left(\frac{8.880\,4}{2} + \frac{51.265\,6}{4} + \frac{36.723\,6}{3}\right) - CT = 0.337\,8 \tag{4.4.16}$$

となり，その自由度は次のようになります．

$$\varphi_A = 3 - 1 = 2 \tag{4.4.17}$$

誤差の平方和は次のように求められます．

$$S_E = S_T - S_A = 0.367\,2 - 0.337\,8 = 0.029\,4 \tag{4.4.18}$$

その自由度は，

$$\varphi_E = \varphi_T - \varphi_A = 8 - 2 = 6 \tag{4.4.19}$$

となります．これらを，分散分析表にまとめて，表 4.4.2 が得られます．

表 4.4.2 分散分析表

要因	平方和	自由度	平均平方	F比	検定	5%点	1%点	寄与率
A	0.337 8	2	0.168 90	34.47	**	5.14	10.90	0.893
E	0.029 4	6	0.004 90					0.107
T	0.367 2	8						1.000

因子 A の寄与率は次のようにして求めたものです．

$$\rho_A = \frac{0.337\,8 - 2 \times 0.004\,90}{0.367\,2} = 0.893 \tag{4.4.20}$$

誤差の寄与率は，

$$\rho_E = 1 - \rho_A = 1 - 0.893 = 0.107 \tag{4.4.21}$$

として求められます．因子 A は高度に有意となります．

各水準における母平均の点推定値はそれぞれ次のように求められます．

$$\hat{\mu}(A_1) = \bar{x}_1 = \frac{2.98}{2} = 1.490 \tag{4.4.22}$$

$$\hat{\mu}(A_2) = \bar{x}_2 = \frac{7.16}{4} = 1.790 \tag{4.4.23}$$

$$\hat{\mu}(A_3) = \bar{x}_3 = \frac{6.06}{3} = 2.020 \tag{4.4.24}$$

また，信頼率 95% の信頼限界は，$t(6, 0.025) = 2.447$ より，それぞれ次のように求められます．

$$\begin{aligned}\bar{x}_1 \pm t(6, 0.025)\sqrt{\frac{V_E}{2}} &= 1.490 \pm 2.447\sqrt{\frac{0.004\,90}{2}} \\ &= 1.490 \pm 0.121\,1 = \begin{cases} 1.611 \\ 1.369 \end{cases}\end{aligned} \tag{4.4.25}$$

$$\begin{aligned}\bar{x}_2 \pm t(6, 0.025)\sqrt{\frac{V_E}{4}} &= 1.790 \pm 2.447\sqrt{\frac{0.004\,90}{4}} \\ &= 1.790 \pm 0.085\,6 = \begin{cases} 1.876 \\ 1.704 \end{cases}\end{aligned} \tag{4.4.26}$$

$$\begin{aligned}\bar{x}_3 \pm t(6, 0.025)\sqrt{\frac{V_E}{3}} &= 2.020 \pm 2.447\sqrt{\frac{0.004\,90}{3}} \\ &= 2.020 \pm 0.098\,9 = \begin{cases} 2.119 \\ 1.921 \end{cases}\end{aligned} \tag{4.4.27}$$

信頼区間を図示すると図 4.4.2 のようになります．繰返し数が異なるため信頼区間の幅も異なることに注意します．

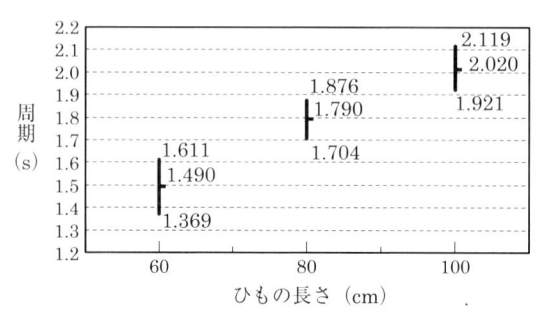

図 4.4.2 母平均の信頼区間

5章

繰返しのない二元配置実験

5.1 要因の1つが有意となる場合

いま，a水準の要因Aとb水準の要因Bを取り上げ，abとおりの水準の組合せについてランダムな順番に1回ずつ実験をするものとします．このような実験の型を繰返しのない二元配置実験といいます．このような実験をして表5.1.1のようなデータを得ました．特性値は大きいほど好ましいとします．

表5.1.1を一元配置の実験データを示した表4.1.1と比べると，一元配置の各水準における4回の繰返しを，単なる繰返しとせずに，要因Bの4水準を対応させて実験していることがわかります．したがって，要因Aの各水準からみれば，要因Bの4水準は4回の繰返しと同じと考えることができます．同様に，要因Bの各水準からみれば，要因Aの3水準は繰返し3回と同じだと考えられます．

表 5.1.1 繰返しのない二元配置実験データ

	B_1	B_2	B_3	B_4
A_1	2.3	2.0	2.1	1.3
A_2	4.1	3.9	3.6	4.3
A_3	1.6	1.3	1.7	1.0

このことから，繰返しのない二元配置実験により得られたデータの分散分析は，一元配置実験の分散分析を要因のAとBについて行えばよいのではないかと考えられます．

まず，データをグラフ化して図 5.1.1 に示します．これより，特性値は大きいほど好ましいので，A_2 水準がよいと考えられますが，同図(b)から B については，ばらつきも大きくはっきりしたことはわかりません．データの集計表と 2 乗集計表をそれぞれ表 5.1.2 及び表 5.1.3 に示します．水準の組合せでみれば，表 5.1.2 から A_2B_4 の組合せの 4.3 が最も大きく，次いで A_2B_1 の 4.1 となっています．

表 5.1.2 のデータの合計が 29.2 ですから，修正項は次のように求められます．

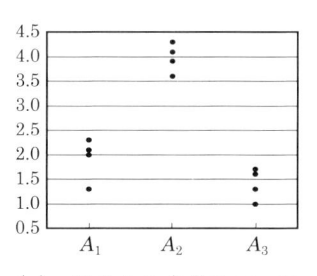

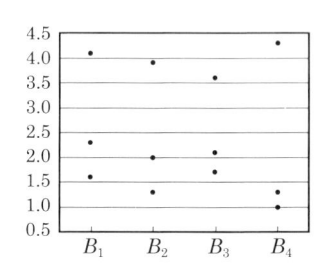

(a) 因子 A の水準について　　(b) 因子 B の水準について

図 5.1.1　原データのグラフ

表 5.1.2　データの集計表

	B_1	B_2	B_3	B_4	水準計	水準計の 2 乗
A_1	2.3	2.0	2.1	1.3	7.7	59.29
A_2	4.1	3.9	3.6	4.3	15.9	252.81
A_3	1.6	1.3	1.7	1.0	5.6	31.36
水準計	8.0	7.2	7.4	6.6	29.2	343.46
水準計の 2 乗	64.00	51.84	54.76	43.56	214.16	

表 5.1.3　データの 2 乗集計表

	B_1	B_2	B_3	B_4	水準計
A_1	5.29	4.00	4.41	1.69	15.39
A_2	16.81	15.21	12.96	18.49	63.47
A_3	2.56	1.69	2.89	1.00	8.14
水準計	24.66	20.90	20.26	21.18	87.00

5.1 要因の1つが有意となる場合

$$CT = \frac{\left(\sum_{i=1}^{3}\sum_{j=1}^{4} x_{ij}\right)^2}{3 \times 4} = \frac{29.2^2}{12} = 71.053\,3 \tag{5.1.1}$$

総平方和は，表 5.1.3 の合計が 87.00 であることから，次のように求められます．

$$S_T = \sum_{i=1}^{3}\sum_{j=1}^{4} x_{ij}^{\;2} - CT = 87.00 - 71.053\,3 = 15.946\,7$$

$$(\text{自由度 } \varphi_T = 3 \times 4 - 1 = 11) \tag{5.1.2}$$

要因 A の平方和は，表 5.1.2 の水準計の 2 乗の値の合計を用いて次のように計算できます．

$$S_A = \frac{\left(\sum_{j=1}^{4} x_{ij}\right)^2}{4} - CT = \frac{343.46}{4} - 71.053\,3 = 14.811\,7$$

$$(\text{自由度 } \varphi_A = 3 - 1 = 2) \tag{5.1.3}$$

同様に，要因 B の平方和は，表 5.1.2 の要因 B の水準計の 2 乗の値の合計を用いて次のように計算します．

$$S_B = \frac{\left(\sum_{i=1}^{3} x_{ij}\right)^2}{3} - CT = \frac{214.16}{3} - 71.053\,3 = 0.333\,3$$

$$(\text{自由度 } \varphi_B = 4 - 1 = 3) \tag{5.1.4}$$

誤差平方和は，総平方和から要因 A と B の平方和を引いて，

$$S_E = S_T - S_A - S_B = 15.946\,7 - 14.811\,7 - 0.333\,3 = 0.801\,7$$

$$(\text{自由度 } \varphi_E = \varphi_T - \varphi_A - \varphi_B = 11 - 2 - 3 = 6) \tag{5.1.5}$$

これらの結果をまとめると表 5.1.4 のような分散分析表が得られます．要因 B の F 比の欄が "—" となっているのは，要因 B の平均平方が誤差のそれより小さいためです．一般に，誤差より小さいものは検出できませんから，このように数値を記入せずに，そのことがわかるように示します．

実験をする目的は，特性に影響を与える要因を明らかにするためですから，

表 5.1.4 二元配置実験の分散分析表

要因	平方和	自由度	平均平方	F 比	5%点	1%点
A	14.811 7	2	7.405 8	55.43 **	5.14	10.9
B	0.333 3	3	0.111 1	—		
E	0.801 7	6	0.133 6			
合計	15.946 7	11				

結果として，この例のように"影響を与えているとはいえない"という統計的検定結果になることはあり得ます．この場合は，当初，2つの要因を取り上げた二元配置実験を計画しました．そこでは，データの構造を次のように考えていたことになります．

$$x_{ij} = \mu + \alpha_i + \beta_j + \varepsilon_{ij} \tag{5.1.6}$$

ところが，分散分析表を作成して検討したところ，要因Bの影響は誤差より小さいという結果になったので，データの構造を一元配置実験の場合と同じ次のような構造と考えてもよいという結論になりました．

$$x_{ij} = \mu + \alpha_i + \varepsilon_{ij}' \tag{5.1.7}$$

これに合わせて，分散分析表を再度作り直すことにします．具体的には，表5.1.4における要因Bの平方和と自由度を誤差の平方和と自由度へそれぞれ加えてしまうのです．このような操作を"プーリング (pooling)"といいます．"要因Bを誤差にプールする"などともいいます．このようにして作成した分散分析表を表5.1.5に示します．プーリングにより，最初に作成した分散分析表と誤差の内容が変わったので，" ′ "をつけて区別していることに注意してください．

表 5.1.5 プーリング後の分散分析表

要因	平方和	自由度	平均平方	F 比	5%点	1%点
A	14.811 7	2	7.405 8	58.73 **	4.26	8.02
E′	1.135 0	9	0.126 1			
合計	15.946 7	11				

要因Aだけが高度に有意になったので，寄与率を求めると次のようになります．

$$\rho_A = \frac{S_A - \varphi_A V_e'}{S_T} = \frac{14.811\,7 - 2 \times 0.126\,1}{15.946\,7} = 0.913 \tag{5.1.8}$$

また,特性値は大きいほど好ましいことから,最適な水準は A_2 水準ということになります.そこで,この水準における母平均の点推定値と区間推定値を求めます.まず,点推定値は表 5.1.2 の集計表から A_2 水準の計が 15.9 より次のように求めることができます.

$$\hat{\mu}(A_2) = \bar{x}_{2\cdot} = \frac{15.9}{4} = 3.975 \tag{5.1.9}$$

信頼率 95% の母平均の区間推定は $t(9, 0.025) = 2.262$ ですから,次のように求められます.

$$\bar{x}_{2\cdot} \pm t(9, 0.025)\sqrt{\frac{0.126\,1}{4}} = 3.975 \pm 2.262 \times 0.177\,6$$
$$= 3.975 \pm 0.401\,6 = \begin{cases} 4.376\,6 \\ 3.573\,4 \end{cases} \tag{5.1.10}$$

5.2 両方の要因が有意となる場合

要因 A が 3 水準,要因 B が 4 水準の繰返しのない二元配置実験により得られた表 5.2.1 のデータについて分散分析を行います.特性値は大きいほど好ましいものとします.平方和を求めるために,データの集計表とデータの 2 乗集計表を,それぞれ表 5.2.2 及び表 5.2.3 のように作成します.

また,データを A と B の水準についてプロットしてそれぞれ図 5.2.1 及び図 5.2.2 に示します.これより,特性値は大きいほど好ましいので,A_2 水準と B_3 水準がよさそうだということがわかります.

A_iB_j 水準におけるデータを x_{ij} とすれば,その合計は,

$$T = \sum_{i=1}^{3}\sum_{j=1}^{4} x_{ij} = 118.6 \tag{5.2.1}$$

ですから,修正項と総平方和は,それぞれ次のように求められます.

$$CT = \frac{T^2}{3\times 4} = \frac{118.6^2}{12} = 1\,172.163 \tag{5.2.2}$$

$$S_T = \sum_{i=1}^{3}\sum_{j=1}^{4} x_{ij}^{\,2} - CT = 1\,424.10 - 1\,172.163 = 251.937$$

$$(\text{自由度}\ \varphi_T = 3\times 4 - 1 = 11) \tag{5.2.3}$$

さらに，A 水準間平方和と B 水準間平方和は，それぞれ次のように求められます．

$$S_A = \frac{\sum_{i=1}^{3}\left(\sum_{j=1}^{4} x_{ij}\right)^2}{4} - CT = \frac{5\,361.00}{4} - 1\,172.163 = 168.087$$

表 5.2.1　二元配置実験のデータ

	B_1	B_2	B_3	B_4
A_1	6.3	2.0	10.7	7.0
A_2	15.9	12.8	17.4	14.3
A_3	9.3	4.2	12.0	6.7

表 5.2.2　データの集計表

	B_1	B_2	B_3	B_4	A 水準計	A 水準平均	A 水準計の 2 乗
A_1	6.3	2.0	10.7	7.0	26.0	6.50	676.00
A_2	15.9	12.8	17.4	14.3	60.4	15.10	3 648.16
A_3	9.3	4.2	12.0	6.7	32.2	8.05	1 036.84
B 水準計	31.5	19.0	40.1	28.0	118.6		5 361.00
B 水準平均	10.50	6.33	13.37	9.33			↑合計
B 水準計の 2 乗	992.25	361.00	1 608.01	784.00	3 745.3 ←合計		

表 5.2.3　データの 2 乗集計表

	B_1	B_2	B_3	B_4	計
A_1	39.69	4.00	114.49	49.00	207.18
A_2	252.81	163.84	302.76	204.49	923.90
A_3	86.49	17.64	144.00	44.89	293.02
合計	378.99	185.48	561.25	298.38	1 424.10

5.2 両方の要因が有意となる場合   67

$$S_B = \frac{\sum_{j=1}^{4}\left(\sum_{i=1}^{3} x_{ij}\right)^2}{3} - CT = \frac{3\,745.3}{3} - 1\,172.163 = 76.257$$

(自由度 $\varphi_A = 3 - 1 = 2$)   (5.2.4)

(自由度 $\varphi_B = 4 - 1 = 3$)   (5.2.5)

誤差平方和は，総平方和からA水準間平方和とB水準間平方和を引いて，次のように計算します．

$$S_E = S_T - S_A - S_B = 251.937 - 168.087 - 76.257 = 7.593 \quad (5.2.6)$$

誤差平方和の自由度は次のように求めます．

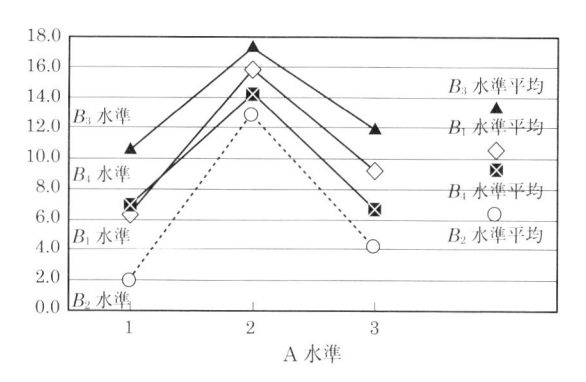

図 **5.2.1**　原データのプロット

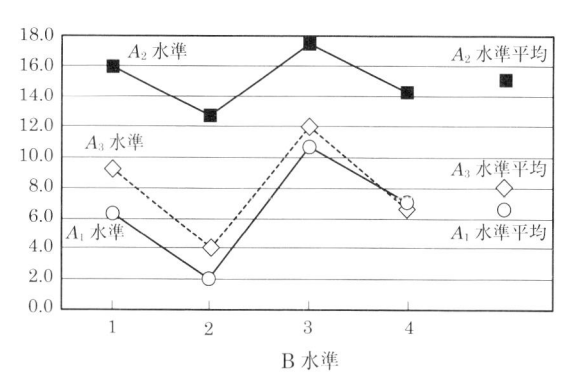

図 **5.2.2**　原データのプロット

$$\varphi_E = \varphi_T - \varphi_A - \varphi_B = 11 - 2 - 3 = 6 \tag{5.2.7}$$

これらの結果を表 5.2.4 に示す分散分析表にまとめることができます．要因 A と B はともに高度に有意という結果が得られました．

表 5.2.4 二元配置実験の分散分析表

要因	平方和	自由度	平均平方	F比	検定	5%点	1%点
A	168.087	2	84.043	66.41	**	5.14	10.90
B	76.257	3	25.419	20.09	**	4.76	9.78
E	7.593	6	1.266				
合計	251.937	11					

要因 A と B の寄与率は，それぞれ次のように求められます．

$$\rho_A = \frac{S_A - \varphi_A V_E}{S_T} = \frac{168.087 - 2 \times 1.266}{251.937} = 0.657 \tag{5.2.8}$$

$$\rho_B = \frac{S_B - \varphi_B V_E}{S_T} = \frac{76.257 - 3 \times 1.266}{251.937} = 0.288 \tag{5.2.9}$$

次に，最適水準における母平均の推定を行います．表 5.2.3 から，最も大きい値は A_2B_3 水準における値で 17.4 であることがわかります．したがって，最適水準は A_2B_3 として，この水準における母平均の点推定値を次式で推定することができます．

$$\hat{\mu}(A_2B_3) = 17.4 \tag{5.2.10}$$

しかし，次のように工夫することによりもっと精度の高い推定を行うことができるのです．表 5.2.1 において，A_2B_3 水準における値 17.4 は，この値を含む行の 15.9，12.8 及び 14.3 とは A_2 水準で実験されて得られた値という共通性をもっています．同様に，同じ列に含まれる 10.7 及び 12.0 とは B_3 水準で実験されて得られた値という共通性を有しています．この点に注目することにより，精度の高い推定法を導くのです．

つまり，データの構造が，

$$x_{ij} = \mu + \alpha_i + \beta_j + \varepsilon_{ij} \tag{5.2.11}$$

であることに注意して，

$$\hat{\mu}(x_{ij}) = \widehat{\mu + \alpha_i + \beta_j} = \widehat{\mu + \alpha_i} + \widehat{\mu + \beta_j} - \hat{\mu} \tag{5.2.12}$$

5.2 両方の要因が有意となる場合

のように変形して母平均を推定します．これらの各項はデータから次のようにして推定できます．

$$\hat{\mu}(x_{ij}) = \widehat{\mu + \alpha_i} + \widehat{\mu + \beta_j} - \hat{\mu} = \bar{x}_{i.} + \bar{x}_{.j} - \bar{\bar{x}}_{..} \tag{5.2.13}$$

そこで，A_2B_3 水準における母平均を推定すると次のようになります．

$$\hat{\mu}(A_2B_3) = \bar{x}_{2.} + \bar{x}_{.3} - \bar{\bar{x}}_{..} = \frac{60.4}{4} + \frac{40.1}{3} - \frac{118.6}{12}$$

$$= 15.100 + 13.367 + 9.883 = 18.58 \tag{5.2.14}$$

実験は A_2B_3 水準では1回しか行っていませんから，$\hat{\mu}(A_2B_3) = x_{23} = 17.4$ と推定しても間違いではないのですが，そのときの推定精度は次のようになります．

$$V\left[\hat{\mu}(A_2B_3)\right] = V(x_{23}) = \sigma_E^2 \tag{5.2.15}$$

ここで問題になるのは，工夫して精度の高い推定ができるといっても，どの程度かということです．そのためには，次のように分散を評価する必要があります．

$$V\left[\hat{\mu}(A_2B_3)\right] = V(\bar{x}_{2.} + \bar{x}_{.3} - \bar{\bar{x}}_{..})$$

$$= V\left(\frac{x_{21} + x_{22} + x_{23} + x_{24}}{4} + \frac{x_{13} + x_{23} + x_{33}}{3}\right.$$

$$\left. - \frac{x_{11} + x_{12} + \cdots + x_{33} + x_{34}}{12}\right) \tag{5.2.16}$$

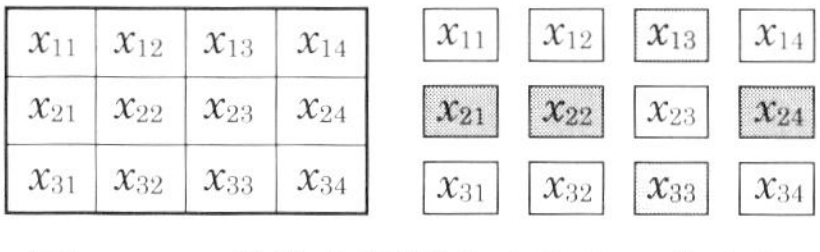

図 5.2.3 分散を評価するための独立な成分への分解の仕方

しかし，このままでは各項が独立ではないので，図5.2.3を考慮して次のように変形して計算します．

$$V\left(\frac{x_{21} + x_{22} + x_{23} + x_{24}}{4} + \frac{x_{13} + x_{23} + x_{33}}{3} - \frac{x_{11} + x_{12} + \cdots + x_{33} + x_{34}}{12}\right)$$

$$
\begin{aligned}
&= V\left(\frac{x_{21}+x_{22}+x_{24}}{4} + \frac{x_{23}}{4} + \frac{x_{13}+x_{33}}{3} + \frac{x_{23}}{3} - \frac{x_{21}+x_{22}+x_{24}}{12}\right.\\
&\qquad\left. - \frac{x_{13}+x_{33}}{12} - \frac{x_{11}+x_{12}+x_{14}+x_{31}+x_{32}+x_{34}}{12} - \frac{x_{23}}{12}\right)\\
&= V\left[\frac{2}{12}(x_{21}+x_{22}+x_{24})\right] + V\left[\frac{3}{12}(x_{13}+x_{33})\right]\\
&\quad + V\left[-\frac{1}{12}(x_{11}+x_{12}+x_{14}+x_{31}+x_{32}+x_{34})\right] + V\left(\frac{6}{12}x_{23}\right)\\
&= \left(\frac{2}{12}\right)^2 \times 3\sigma_E^{\ 2} + \left(\frac{3}{12}\right)^2 \times 2\sigma_E^{\ 2} + \left(-\frac{1}{12}\right)^2 \times 6\sigma_E^{\ 2} + \left(\frac{6}{12}\right)^2 \times \sigma_E^{\ 2}\\
&= \frac{1}{2} \times \sigma_E^{\ 2} \qquad\qquad\qquad\qquad\qquad\qquad\qquad (5.2.17)
\end{aligned}
$$

すなわち，誤差分散 $\sigma_E^{\ 2}$ の半分ということです．言い換えれば，実際には1回しか実験していませんが，2回実験したのと同じ精度で母平均を推定できるということになります．これを，有効反復数といい，$n_e = 2$ と表します．一般に，有効反復数は，

$$n_e = \frac{総実験回数}{\varphi_A + \varphi_B + 1} \qquad (田口の公式) \qquad (5.2.18)$$

又は，

$$\frac{1}{n_e} = \frac{1}{a} + \frac{1}{b} - \frac{1}{ab} \qquad (伊奈の公式) \qquad (5.2.19)$$

で求められます．伊奈の公式は，母平均を工夫して推定する式(5.2.14)に現れる各項にかかる係数から導かれていることに注意します．

この有効反復数を用いて，A_2B_3 水準における母平均の信頼率95%の区間推定を次のように求めることができます．まず，有効反復数 n_e は伊奈の公式を用いて次のように求められます．

$$\frac{1}{n_e} = \frac{1}{4} + \frac{1}{3} - \frac{1}{12} = \frac{1}{2} \qquad (5.2.20)$$

田口の公式では次のように求めることができます．

5.2 両方の要因が有意となる場合

$$n_e = \frac{12}{(3-1)+(4-1)+1} = 2 \tag{5.2.21}$$

したがって，信頼率95％の信頼幅は次のように求められます．

$$\pm t(\varphi_E, 0.025)\sqrt{\frac{V_E}{n_e}} = \pm t(6, 0.025)\sqrt{\frac{1.266}{2}}$$

$$= \pm 2.447 \times 0.796 = \pm 1.947 \tag{5.2.22}$$

母平均の点推定値は，式(5.2.14)で18.58と求められていましたから，信頼上限と信頼下限はそれぞれ次のように求められます．

$$18.58 \pm 1.947 = \begin{cases} 20.53 \\ 16.63 \end{cases} \tag{5.2.23}$$

データの構造式(5.2.11)から，一般平均，要因AとBの効果及び誤差はそれぞれ次のように推定できます．

$$\hat{\mu} = \bar{\bar{x}}_{..} \tag{5.2.24}$$

$$\hat{\alpha}_i = \bar{x}_{i.} - \bar{\bar{x}}_{..} \tag{5.2.25}$$

$$\hat{\beta}_j = \bar{x}_{.j} - \bar{\bar{x}}_{..} \tag{5.2.26}$$

$$\varepsilon_{ij} = x_{ij} - \bar{x}_{i.} - \bar{x}_{.j} + \bar{\bar{x}}_{..} \tag{5.2.27}$$

これらの推定値を行列の形式で表すと次のようになります．

$$
\begin{array}{cc}
\text{データ} & \text{一般平均} \\
\begin{pmatrix} 6.3 & 2.0 & 10.7 & 7.0 \\ 15.9 & 12.8 & 17.4 & 14.3 \\ 9.3 & 4.2 & 12.0 & 6.7 \end{pmatrix} = \begin{pmatrix} 9.88 & 9.88 & 9.88 & 9.88 \\ 9.88 & 9.88 & 9.88 & 9.88 \\ 9.88 & 9.88 & 9.88 & 9.88 \end{pmatrix}
\end{array}
$$

$$
\begin{array}{cc}
\text{因子Aの第}i\text{水準の効果 }\alpha_i & \text{因子Bの第}j\text{水準の効果 }\beta_j \\
+\begin{pmatrix} -3.38 & -3.38 & -3.38 & -3.38 \\ 5.22 & 5.22 & 5.22 & 5.22 \\ -1.83 & -1.83 & -1.83 & -1.83 \end{pmatrix} + \begin{pmatrix} 0.62 & -3.55 & 3.48 & -0.55 \\ 0.62 & -3.55 & 3.48 & -0.55 \\ 0.62 & -3.55 & 3.48 & -0.55 \end{pmatrix}
\end{array}
$$

$$
\begin{array}{c}
\text{誤差} \\
+\begin{pmatrix} -0.82 & -0.95 & 0.72 & 1.05 \\ 0.18 & 1.25 & -1.18 & -0.25 \\ 0.63 & -0.30 & 0.47 & -0.80 \end{pmatrix}
\end{array} \tag{5.2.28}
$$

右辺第 2 項，第 3 項及び第 4 項のそれぞれの行列の要素から，以下のようにして平方和が求められることがわかります．

$$4\left[(-3.38)^2 + (5.22)^2 + (-1.83)^2\right]$$
$$= 4 \times 42.021\,7 = 168.087 = S_A \tag{5.2.29}$$

$$3\left[(0.617)^2 + (-3.55)^2 + (3.483\,3)^2 + (-0.55)^2\right]$$
$$= 3 \times 25.399\,8 = 76.257 = S_B \tag{5.2.30}$$

$$(-0.82)^2 + (-0.95)^2 + (0.72)^2 + \cdots + (-0.30)^2 + (0.47)^2 + (-0.80)^2$$
$$= 7.593 = S_E \tag{5.2.31}$$

6章

繰返しのある二元配置実験

6.1 繰返しのある二元配置実験と交互作用

　要因AとBの水準数がそれぞれa及びbであるとします．これらの水準の組合せにおいてn回の実験を繰り返すと，全部でabn回の実験が行われることになりますが，これらを完全に無作為化して行う実験を繰返しのある二元配置実験といいます．繰返しのある二元配置実験では，要因AとBのそれぞれの水準の組合せ効果である交互作用効果（interaction effect）を自然に取り扱うことができます．

　いま，要因Aの第i水準，要因Bの第j水準で行われた繰返しk番目のデータをx_{ijk}とします．また，要因Aの第i水準の主効果をα_i，要因Bの第j水準の主効果をβ_jとして，要因Aの第i水準と要因Bの第j水準の組合せによって生じる交互作用効果を$(\alpha\beta)_{ij}$と表すことにします．そうすると，データx_{ijk}は，その誤差をε_{ijk}として次のように書くことができます．

$$x_{ijk} = \mu + \alpha_i + \beta_j + (\alpha\beta)_{ij} + \varepsilon_{ijk} \tag{6.1.1}$$

　ここで，要因AとBがいずれも2水準の場合の交互作用効果（単に交互作用ともいいます）について考えてみましょう．要因Aの第1水準及び第2水準の主効果をそれぞれα_1及びα_2，要因Bの第1水準及び第2水準の主効果をそれぞれβ_1及びβ_2とすると，効果の合計はゼロとしますから，$\alpha_2 = -\alpha_1$，$\beta_2 = -\beta_1$となります．

　交互作用がない場合は，要因AとBの主効果だけですから，図6.1.1(a)の

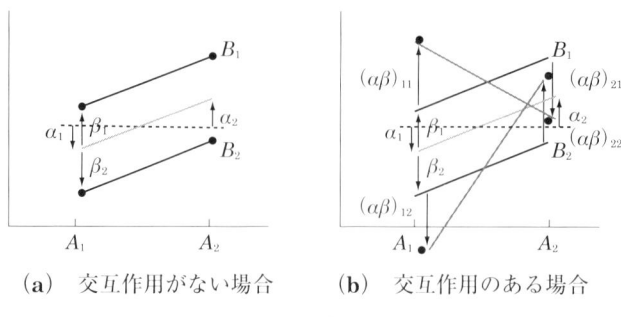

(a) 交互作用がない場合　　**(b)** 交互作用のある場合

図 **6.1.1**　要因効果のグラフ

ように破線で示した一般平均から，要因 A の主効果によって A_1 水準においては α_1 だけ小さくなり，A_2 水準においては $\alpha_2 = -\alpha_1$ だけ大きくなります．さらに，要因 B の主効果によって，B_1 水準においては β_1 だけ大きくなり，B_2 水準においては $\beta_2 = -\beta_1$ だけ小さくなります．

交互作用効果についても，合計はゼロと考えますから，$(\alpha\beta)_{11} + (\alpha\beta)_{12} = 0$, $(\alpha\beta)_{11} + (\alpha\beta)_{21} = 0$ 及び $(\alpha\beta)_{21} + (\alpha\beta)_{22} = 0$, $(\alpha\beta)_{12} + (\alpha\beta)_{22} = 0$ となります．したがって，図 6.1.1(a)に示す A_1B_1 水準における要因効果を表す左上の点は，同図(b)のように交互作用 $(\alpha\beta)_{11}$ だけ大きくなり，A_2B_1 水準における要因効果を表す右上の点は $(\alpha\beta)_{21}$ だけ小さくなります．同様に，A_1B_2 水準における要因効果を表す図 6.1.1(a)の左下の点は，同図(b)のように $(\alpha\beta)_{12}$ だけ小さくなり，A_2B_2 水準における要因効果を表す図 6.1.1(a)の右下の点は，同図(b)のように $(\alpha\beta)_{22}$ だけ大きくなります．その結果，要因効果を表すグラフは互いに交差するのが特徴です．

このように，交互作用がない場合は，要因効果のグラフは平行線で表されることになります．したがって，原データのグラフを作成して要因効果が平行になっているかどうかにより，交互作用の有無を検討することができます．また，このことから，交互作用を定量的に検討するには，次のように定義をすればよいことがわかります．

（要因 A と B の交互作用効果）
　　＝$(A_1$ 水準における B の効果$)-(A_2$ 水準における B の効果$)$

$= (B_1 \text{水準における A の効果}) - (B_2 \text{水準における A の効果})$

(6.1.2)

6.2 繰返しのある二元配置実験の分散分析

いま，繰返し 2 回の二元配置実験により表 6.2.1 に示すようなデータが得られたものとします．また，特性値は大きいほど好ましいものとします．

表 **6.2.1** 繰返しのある二元配置実験のデータ

	B_1	B_2	B_3	B_4
A_1	16.7	11.5	3.2	14.3
	18.0	12.8	5.5	11.7
A_2	21.0	18.2	21.2	15.4
	21.0	22.1	22.1	16.7
A_3	12.4	19.6	11.0	13.8
	14.2	19.6	11.8	12.2

図 6.2.1 及び図 6.2.2 から繰返しによるデータのばらつきは，ほぼ同程度であるように見えます．また，図 6.2.3 及び図 6.2.4 から，要因 A 及び B ともに水準によりデータの変化が大きいことから，いずれも結果に大きい影響を与えているように思われます．さらに，図 6.2.3 及び図 6.2.4 から，グラフは平行とはいえませんから，交互作用もありそうなことがうかがえます．

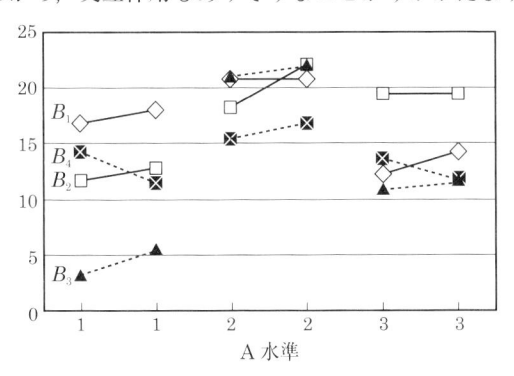

図 **6.2.1** 原データのグラフ(1)

6章　繰返しのある二元配置実験

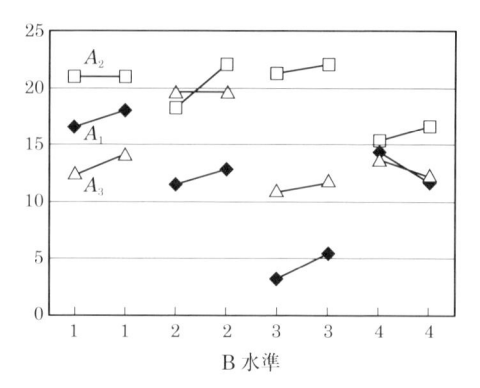

図 **6.2.2**　原データのグラフ(2)

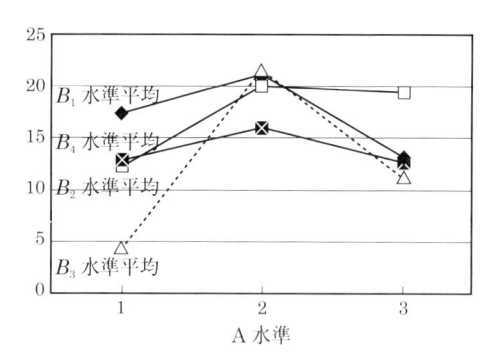

図 **6.2.3**　原データの水準平均のグラフ(3)

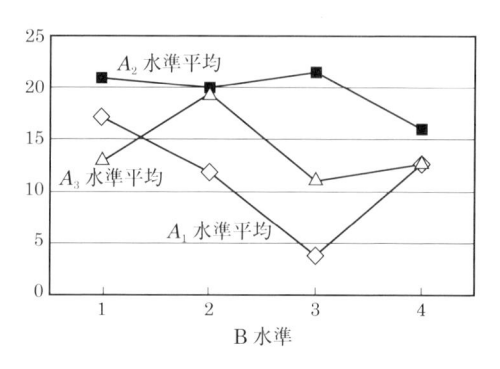

図 **6.2.4**　原データの水準平均のグラフ(4)

6.2 繰返しのある二元配置実験の分散分析

平方和を求めるために,表 6.2.1 のデータについてデータの集計表(表 6.2.2)及びデータの 2 乗集計表(表 6.2.3)を作成します.ここで,表 6.2.2 をよく見ると,要因 A と B の各水準の組合せを,例えば要因 C の水準に対応付けると,表 6.2.4 に示すように,要因 C について繰返し 2 回の一元配置実験により得られたデータとみなすことができることに気付きます.これから,要因 C についての平方和を計算することができますが,実は,その平方和は,要因 A 及び B の平方和とそれらの要因の交互作用平方和から構成されています.このことを利用して繰返しのある二元配置実験の平方和を求めることができます.

表 6.2.2 から,24 個のデータの合計は

$$T = 366.0 \tag{6.2.1}$$

ですから,修正項は次のように求められます.

表 6.2.2 データの集計表

	B_1	B_2	B_3	B_4	水準計	水準計の 2 乗
A_1	16.7	11.5	3.2	14.3	93.7	8 779.69
	18.0	12.8	5.5	11.7		
A_2	21.0	18.2	21.2	15.4	157.7	24 869.29
	21.0	22.1	22.1	16.7		
A_3	12.4	19.6	11.0	13.8	114.6	13 133.16
	14.2	19.6	11.8	12.2		
水準計	103.3	103.8	74.8	84.1	366.0	46 782.14
水準計の 2 乗	10 670.89	10 774.44	5 595.04	7 072.81	34 113.18	

表 6.2.3 データの 2 乗集計表

	B_1	B_2	B_3	B_4	水準計
A_1	278.89	132.25	10.24	204.49	1 280.85
	324.00	163.84	30.25	136.89	
A_2	441.00	331.24	449.44	237.16	3 155.55
	441.00	488.41	488.41	278.89	
A_3	153.76	384.16	121.00	190.44	1 723.24
	201.64	384.16	139.24	148.84	
水準計	1 840.29	1 884.06	1 238.58	1 196.71	6 159.64

表 6.2.4 AB 水準間平方和を求めるための集計表

	組合せ水準	データ		水準計	水準計の2乗
C_1	A_1B_1	16.7	18.0	34.7	1 204.09
C_2	A_1B_2	11.5	12.8	24.3	590.49
C_3	A_1B_3	3.2	5.5	8.7	75.69
C_4	A_1B_4	14.3	11.7	26.0	676.00
C_5	A_2B_1	21.0	21.0	42.0	1 764.00
C_6	A_2B_2	18.2	22.1	40.3	1 624.09
C_7	A_2B_3	21.2	22.1	43.3	1 874.89
C_8	A_2B_4	15.4	16.7	32.1	1 030.41
C_9	A_3B_1	12.4	14.2	26.6	707.56
C_{10}	A_3B_2	19.6	19.6	39.2	1 536.64
C_{11}	A_3B_3	11.0	11.8	22.8	519.84
C_{12}	A_3B_4	13.8	12.2	26.0	676.00
	合計			366.0	12 279.70

$$CT = \frac{T^2}{24} = 5\,581.50 \tag{6.2.2}$$

データの 2 乗和は表 6.2.3 から,

$$\sum_{i=1}^{3}\sum_{j=1}^{4}\sum_{k=1}^{2} x_{ijk}^{2} = 6\,159.64 \tag{6.2.3}$$

より, 総平方和は次のように求められます.

$$S_T = 6\,159.64 - 5\,581.50 = 578.14 \tag{6.2.4}$$

要因 A と B の平方和はそれぞれ次のように求められます.

$$S_A = \frac{46\,782.14}{8} - 5\,581.50 = 266.27 \tag{6.2.5}$$

$$S_B = \frac{34\,113.18}{6} - 5\,581.50 = 104.03 \tag{6.2.6}$$

次に, 表 6.2.4 で要因 C の平方和, すなわち要因 A と B の水準間平方和は,

$$S_C = S_{AB} = \frac{12\,279.70}{2} - 5\,581.50 = 558.35 \tag{6.2.7}$$

となります. この中には S_A と S_B が含まれているので, それを引いた残りとして要因 A と B の交互作用を次のように求めます.

6.2 繰返しのある二元配置実験の分散分析

$$S_{A \times B} = S_{AB} - S_A - S_B = 558.35 - 266.27 - 104.03 = 188.05 \quad (6.2.8)$$

誤差平方和は，次のように求めます．

$$S_E = S_T - S_{AB} = S_T - S_A - S_B - S_{A \times B} = 578.14 - 558.35 = 19.79$$
$$(6.2.9)$$

自由度については，総平方和の自由度は，データが24個ですから，$\varphi_T = 24 - 1 = 23$，要因Aと要因Bはそれぞれ3水準及び4水準なので，自由度はそれぞれ$\varphi_A = 2$及び$\varphi_B = 3$となります．交互作用の自由度は，交互作用を構成する要因の自由度の積として，$\varphi_{A \times B} = \varphi_A \times \varphi_B = 2 \times 3 = 6$のように計算できます．誤差平方和の自由度は，$\varphi_E = \varphi_T - \varphi_{AB} = \varphi_T - \varphi_A - \varphi_B - \varphi_{A \times B} = 23 - 2 - 3 - 6 = 12$となります．

以上をまとめて，表6.2.5のような分散分析表が作成されます．

表 **6.2.5** 繰返しのある二元配置実験の分散分析表

要因	平方和	自由度	平均平方	F比	検定	5%点	1%点
A	266.27	2	133.134	80.73	**	3.89	6.93
B	104.03	3	34.677	21.03	**	3.49	5.95
A×B	188.05	6	31.342	19.00	**	3.00	4.82
E	19.79	12	1.649				
合計	578.14	23					

これより，要因Aと要因B及び交互作用A×Bがいずれも高度に有意となりました．これらの寄与率は，それぞれ次のように求められます．

$$\rho_A = \frac{S_A - \varphi_A V_E}{S_T} = \frac{266.27 - 2 \times 1.649}{578.14} = 0.455 \quad (6.2.10)$$

$$\rho_B = \frac{S_B - \varphi_B V_E}{S_T} = \frac{104.03 - 3 \times 1.649}{578.14} = 0.171 \quad (6.2.11)$$

$$\rho_{A \times B} = \frac{S_{A \times B} - \varphi_{A \times B} V_E}{S_T} = \frac{188.05 - 6 \times 1.649}{578.14} = 0.308 \quad (6.2.12)$$

6.3 最適水準における母平均の推定

次に，最適水準における母平均の推定を求めます．特性値は，大きいほど好ましいことから，最適水準は A_2B_3 水準となりますが，A_2B_1 水準も大差ないようです．A_2B_3 水準における母平均の点推定値は次のように求められます．

$$\hat{\mu}(A_2B_3) = \bar{x}_{23.} = \frac{21.2 + 22.1}{2} = 21.65 \tag{6.3.1}$$

また，信頼率 95％の信頼区間は次のようにして計算します．

$$\bar{x}_{23.} \pm t(\varphi_E, 0.025)\sqrt{\frac{V_E}{n}} = 21.65 \pm 2.179\sqrt{\frac{1.649}{2}}$$

$$= 21.65 \pm 1.979 = \begin{cases} 23.63 \\ 19.67 \end{cases} \tag{6.3.2}$$

ちなみに，A_2B_1 水準における母平均の点推定は，

$$\hat{\mu}(A_2B_1) = \bar{x}_{21.} = \frac{21.0 + 21.0}{2} = 21.00 \tag{6.3.3}$$

信頼率 95％の信頼区間は，

$$\bar{x}_{21.} \pm t(\varphi_E, 0.025)\sqrt{\frac{V_E}{n}} = 21.00 \pm 2.179\sqrt{\frac{1.649}{2}}$$

$$= 21.00 \pm 1.979 = \begin{cases} 22.98 \\ 19.02 \end{cases} \tag{6.3.4}$$

と推定されます．このように，水準によって母平均に大差ない場合は，それぞれの水準を採用したときにかかる経費の少ないほうを選択するのが経済的には合理的だといえます．

前節の例では，交互作用が有意となりましたが，有意とならない場合は，交互作用を誤差にプーリングして分散分析表を作成し直すのが普通です．このとき，A_iB_j 水準の母平均の推定は，繰返しのない二元配置実験の場合の母平均の推定の式(5.2.13)と同様に次式で推定します．

6.3 最適水準における母平均の推定

$$\hat{\mu}(A_iB_j) = \widehat{\mu + \alpha_i} + \widehat{\mu + \beta_j} - \hat{\mu} = \bar{x}_{i..} + \bar{x}_{.j.} - \bar{\bar{x}}_{...} \tag{6.3.5}$$

この場合は，繰返しがあるので実際にはデータから次のように推定します．

$$\hat{\mu}(A_iB_j) = \bar{x}_{i..} + \bar{x}_{.j.} - \bar{\bar{x}}_{...} = \frac{T_{i..}}{bn} + \frac{T_{.j.}}{an} - \frac{T_{...}}{abn} \tag{6.3.6}$$

ここに，$T_{i..} = \sum_{j=1}^{b} x_{ij}$ （A_i 水準計）

$T_{.j.} = \sum_{i=1}^{a} x_{ij}$ （B_j 水準計）

$T_{...} = \sum_{a=1}^{a} \sum_{j=1}^{b} x_{ij}$ （データの合計）

このとき，有効反復数 n_e は次式で求められます．

$$\frac{1}{n_e} = \frac{1}{bn} + \frac{1}{an} - \frac{1}{abn} \tag{6.3.7}$$

したがって，信頼率95％の母平均の区間推定を行うための信頼幅は，プーリングにより得られた誤差 V_E' とその自由度 φ_E' と有効反復数 n_e を使って次のように求めます．

$$\pm t(\varphi_E', 0.025)\sqrt{\frac{V_E'}{n_e}} \tag{6.3.8}$$

繰返しのある二元配置実験のデータの構造式(6.1.1)に合わせて，得られたデータを一般平均，AとBのそれぞれの主効果，AとBの交互作用効果及び誤差で表すことを考えます．

データの構造式は次のようでした．

$$x_{ijk} = \mu + \alpha_i + \beta_j + (\alpha\beta)_{ij} + \varepsilon_{ijk} \tag{6.1.1}$$

右辺の各項はそれぞれ次のようにデータから推定することができます．

$$\hat{\mu} = \bar{x}_{...} \tag{6.3.9}$$

$$\hat{\alpha}_i = \bar{x}_{i..} - \bar{x}_{...} \tag{6.3.10}$$

$$\hat{\beta}_j = \bar{x}_{.j.} - \bar{x}_{...} \tag{6.3.11}$$

$$\widehat{(\alpha\beta)}_{ij} = \bar{x}_{ij.} - \bar{x}_{i..} - \bar{x}_{.j.} + \bar{x}_{...} \tag{6.3.12}$$

$$\hat{\varepsilon}_{ijk} = x_{ijk} - \bar{x}_{ij.} \tag{6.3.13}$$

これを行列の形式で書き表すと次のようになります．

$$\begin{pmatrix} 16.7 & 11.5 & 3.2 & 14.3 \\ 18.0 & 12.8 & 5.5 & 11.7 \\ 21.0 & 18.2 & 21.2 & 15.4 \\ 21.0 & 22.1 & 22.1 & 16.7 \\ 12.4 & 19.6 & 11.0 & 13.8 \\ 14.2 & 19.6 & 11.8 & 12.2 \end{pmatrix}_{\text{データ}} = \begin{pmatrix} 15.25 & 15.25 & 15.25 & 15.25 \\ 15.25 & 15.25 & 15.25 & 15.25 \\ 15.25 & 15.25 & 15.25 & 15.25 \\ 15.25 & 15.25 & 15.25 & 15.25 \\ 15.25 & 15.25 & 15.25 & 15.25 \\ 15.25 & 15.25 & 15.25 & 15.25 \end{pmatrix}_{\text{一般平均}}$$

$$+ \begin{pmatrix} -3.54 & -3.54 & -3.54 & -3.54 \\ -3.54 & -3.54 & -3.54 & -3.54 \\ 4.46 & 4.46 & 4.46 & 4.46 \\ 4.46 & 4.46 & 4.46 & 4.46 \\ -0.93 & -0.93 & -0.93 & -0.93 \\ -0.93 & -0.93 & -0.93 & -0.93 \end{pmatrix}_{\text{因子 A の第 } i \text{ 水準の効果 } \alpha_i} + \begin{pmatrix} 1.97 & 2.05 & -2.78 & -1.23 \\ 1.97 & 2.05 & -2.78 & -1.23 \\ 1.97 & 2.05 & -2.78 & -1.23 \\ 1.97 & 2.05 & -2.78 & -1.23 \\ 1.97 & 2.05 & -2.78 & -1.23 \\ 1.97 & 2.05 & -2.78 & -1.23 \end{pmatrix}_{\text{因子 B の第 } j \text{ 水準の効果 } \beta_j}$$

$$+ \begin{pmatrix} 3.67 & -1.61 & -4.58 & 2.52 \\ 3.67 & -1.61 & -4.58 & 2.52 \\ -0.68 & -1.61 & 4.72 & -2.43 \\ -0.68 & -1.61 & 4.72 & -2.43 \\ -2.99 & 3.23 & -0.14 & -0.09 \\ -2.99 & 3.23 & -0.14 & -0.09 \end{pmatrix}_{\text{交互作用効果 }(\alpha\beta)_{ij}} + \begin{pmatrix} -0.65 & -0.65 & -1.15 & 1.30 \\ 0.65 & 0.65 & 1.15 & -1.30 \\ 0.00 & -1.95 & -0.45 & -0.65 \\ 0.00 & 1.95 & 0.45 & 0.65 \\ -0.90 & 0.00 & -0.40 & 0.80 \\ 0.90 & 0.00 & 0.40 & -0.80 \end{pmatrix}_{\text{誤差}}$$

(6.3.14)

右辺の第 2 項，第 3 項，第 4 項及び第 5 項の行列の要素の 2 乗和を求めると，それぞれ次のような平方和となっていることが確認できます．

$S_A = 266.30, \quad S_B = 103.95, \quad S_{A \times B} = 188.05, \quad S_E = 19.79$

6.4 平方和及び平均平方の期待値

因子Aの平方和は次式で計算されます．

$$S_A = \sum_{i=1}^{a}\sum_{j=1}^{b}\sum_{k=1}^{n}(\bar{x}_{i..} - \bar{x}_{...})^2 \tag{6.4.1}$$

これから，次式のようにして期待値を求めることができます．

$$E(S_A) = E\left\{\sum_{i=1}^{a}\sum_{j=1}^{b}\sum_{k=1}^{n}\left[(\mu + \alpha_i + \bar{\varepsilon}_{i..}) - (\mu + \bar{\varepsilon}_{...})\right]^2\right\} = bnE\left\{\sum_{i=1}^{a}\left[\alpha_i + (\bar{\varepsilon}_{i..} - \bar{\varepsilon}_{...})\right]^2\right\}$$

$$= bnE\left\{\sum_{i=1}^{a}\left[\alpha_i^2 + 2\alpha_i(\bar{\varepsilon}_{i..} - \bar{\varepsilon}_{...}) + (\bar{\varepsilon}_{i..} - \bar{\varepsilon}_{...})^2\right]\right\} \tag{6.4.2}$$

ここで，

$$\frac{E\left(\sum_{i=1}^{a}\alpha_i^2\right)}{a-1} = \frac{\sum_{i=1}^{a}\alpha_i^2}{a-1} = \sigma_A^2 \tag{6.4.3}$$

$$\sum_{i=1}^{a}\alpha_i E(\bar{\varepsilon}_{i..} - \bar{\varepsilon}_{...}) = 0 \tag{6.4.4}$$

$$\frac{E\left[\sum_{i=1}^{a}(\bar{\varepsilon}_{i..} - \bar{\varepsilon}_{...})^2\right]}{a-1} = \frac{\sum_{i=1}^{a}E\left[(\bar{\varepsilon}_{i..} - \bar{\varepsilon}_{...})^2\right]}{a-1} = \frac{\sigma_E^2}{bn} \tag{6.4.5}$$

に注意して式(6.4.2)を整理すると次のようになります．

$$E(S_A) = bn(a-1)\sigma_A^2 + (a-1)\sigma_E^2 \tag{6.4.6}$$

したがって，因子Aの平均平方の期待値は次のようになります．

$$E(V_A) = E\left(\frac{S_A}{a-1}\right) = bn\sigma_A^2 + \sigma_E^2 \tag{6.4.7}$$

因子Bの平方和と平均平方の期待値についても同様にしてそれぞれ次のように求めることができます．

$$E(S_B) = an(b-1)\sigma_B^2 + (b-1)\sigma_E^2 \tag{6.4.8}$$

$$E(V_B) = E\left(\frac{S_B}{b-1}\right) = an\sigma_B^2 + \sigma_E^2 \tag{6.4.9}$$

AB級間平方和の期待値は次のように求められます．

$$E(S_{AB}) = E\left[\sum_{i=1}^{a}\sum_{j=1}^{b}\sum_{k=1}^{n}(\bar{x}_{ij\cdot} - \bar{x}_{\cdots})^2\right]$$

$$= E\left\{\sum_{i=1}^{a}\sum_{j=1}^{b}\sum_{k=1}^{n}\left[(\mu + \alpha_i + \beta_j + (\alpha\beta)_{ij} + \bar{\varepsilon}_{ij\cdot}) - (\mu + \bar{\varepsilon}_{\cdots})\right]^2\right\}$$

$$= E\left\{\sum_{i=1}^{a}\sum_{j=1}^{b}\sum_{k=1}^{n}\left[\alpha_i + \beta_j + (\alpha\beta)_{ij} + (\bar{\varepsilon}_{ij\cdot} - \bar{\varepsilon}_{\cdots})\right]^2\right\}$$

$$= bn(a-1)\sigma_A^2 + an(b-1)\sigma_B^2 + n(a-1)(b-1)\sigma_{A\times B}^2 + (ab-1)\sigma_E^2$$

(6.4.10)

これより，交互作用 $A \times B$ の平方和の期待値を次のように求めることができます．

$$\begin{aligned}E(S_{A\times B}) &= E(S_{AB} - S_A - S_B)\\&= bn(a-1)\sigma_A^2 + an(b-1)\sigma_B^2 + n(a-1)(b-1)\sigma_{A\times B}^2 + (ab-1)\sigma_E^2\\&\quad - bn(a-1)\sigma_A^2 - (a-1)\sigma_E^2 - an(b-1)\sigma_B^2 - (b-1)\sigma_E^2\\&= n(a-1)(b-1)\sigma_{A\times B}^2 + (a-1)(b-1)\sigma_E^2\end{aligned}$$

(6.4.11)

したがって，交互作用 $A \times B$ の平均平方の期待値は次のように求められます．

$$E(V_{A\times B}) = E\left[\frac{S_{A\times B}}{(a-1)(b-1)}\right] = n\sigma_{A\times B}^2 + \sigma_E^2 \quad (6.4.12)$$

平均平方の期待値は次のような書き下しルールに従えば容易に求めることができます．

① すべての要因に対して σ_E^2 を記入する．

② それぞれの要因に対応する分散成分（例えば，要因 A に対応する σ_A^2 など）を記入する．

③ 上記②の分散成分の個数は，当該要因記号以外のすべての因子の水準数及び繰返し数の積に等しい．

7章

反復のある二元配置実験

7.1 反復のある二元配置実験とは

繰返しのある二元配置実験では，すべての実験の順番を無作為化して行うことから完全無作為化実験と呼ばれます．したがって，実験誤差は単なる無作為化によりもたらされ，特別な意味があるわけではありません．そこで，単なる繰返し（iteration）でなく"反復（replication）"することが考えられます．ここでは，こうした実験により得られたデータの分散分析について考えます．

いま，表6.2.1のような繰返し2回の二元配置実験を単なる繰返しとせずに，表7.1.1に示すように反復2回の実験としてデータが得られたものとします．ここで，注意すべきは，反復ごとの3×4＝12回の実験は無作為に順番を決めて実験することです．反復の1回目の実験をある日に行い，2回目の実験を別の日に行ったとすると，反復間のばらつきは単なる誤差とは異なり，日間のばらつきを反映するという意味づけが可能になります．

分散分析を行うために，まず，反復ごとのデータの集計表（表7.1.2）とそれらのデータの2乗集計表（表7.1.3）及び要因AとBの二元表（表7.1.4）

表 7.1.1 反復した二元配置実験のデータ

	反復1				反復2			
	B_1	B_2	B_3	B_4	B_1	B_2	B_3	B_4
A_1	16.7	11.5	3.2	14.3	18.0	12.8	5.5	11.7
A_2	21.0	18.2	21.2	15.4	21.0	22.1	22.1	16.7
A_3	12.4	19.6	11.0	13.8	14.2	19.6	11.8	12.2

とそれらのデータの2乗表（表7.1.5）を作成します．

データの構造を次のように考えます．

$$x_{ijk} = \mu + \gamma_k + \alpha_i + \beta_j + (\alpha\beta)_{ij} + \varepsilon_{ijk} \tag{7.1.1}$$

ここに，γ_k：反復の効果

データの合計は表7.1.2から $T = 178.3 + 187.7 = 366.0$ ですから，修正項は次のようになります．

$$CT = \frac{366.0^2}{3 \times 4 \times 2} = 5\,581.50 \tag{7.1.2}$$

総平方和は表7.1.3から次のように求められます．

表 7.1.2 反復ごとのデータの集計表

R_1	B_1	B_2	B_3	B_4	水準計
A_1	16.7	11.5	3.2	14.3	45.7
A_2	21.0	18.2	21.2	15.4	75.8
A_3	12.4	19.6	11.0	13.8	56.8
水準計	50.1	49.3	35.4	43.5	178.3

R_2	B_1	B_2	B_3	B_4	水準計
A_1	18.0	12.8	5.5	11.7	48.0
A_2	21.0	22.1	22.1	16.7	81.9
A_3	14.2	19.6	11.8	12.2	57.8
水準計	53.2	54.5	39.4	40.6	187.7

表 7.1.3 反復ごとのデータの2乗集計表

R_1(2乗表)	B_1	B_2	B_3	B_4	水準計
A_1	278.89	132.25	10.24	204.49	625.87
A_2	441.00	331.24	449.44	237.16	1\,458.84
A_3	153.76	384.16	121.00	190.44	849.36
水準計	873.65	847.65	580.68	632.09	2\,934.07

R_2(2乗表)	B_1	B_2	B_3	B_4	水準計
A_1	324.00	163.84	30.25	136.89	654.98
A_2	441.00	488.41	488.41	278.89	1\,696.71
A_3	201.64	384.16	139.24	148.84	873.88
水準計	966.64	1\,036.41	657.90	564.62	3\,225.57

7.1 反復のある二元配置実験とは

$$S_T = (2\,934.07 + 3\,225.57) - 5\,581.50 = 578.14$$

$$(自由度\ \varphi_T = 2 \times 3 \times 4 - 1 = 23) \quad (7.1.3)$$

また，反復間平方和 S_R は表 7.1.2 から，AB 水準間平方和 S_{AB} は表 7.1.5 から，それぞれ次のように求められます．

$$S_R = \frac{178.3^2 + 187.7^2}{12} - 5\,581.50 = 3.68$$

$$(自由度\ \varphi_R = 2 - 1 = 1) \quad (7.1.4)$$

$$S_{AB} = \frac{12\,279.70}{2} - 5\,581.50 = 558.35 \quad (7.1.5)$$

さらに，表 7.1.2 から，要因 A と要因 B の平方和は，それぞれ次のように計算されます．

$$S_A = \frac{(45.7 + 48.0)^2 + (75.8 + 81.9)^2 + (56.8 + 57.8)^2}{8} - 5\,581.50 = 266.27$$

$$(自由度\ \varphi_A = 3 - 1 = 2) \quad (7.1.6)$$

$$S_B = \frac{(50.1 + 53.2)^2 + (49.3 + 54.5)^2 + (35.4 + 39.4)^2 + (43.5 + 40.6)^2}{6}$$

$$- 5\,581.50 = 104.03 \quad (自由度\ \varphi_B = 4 - 1 = 3) \quad (7.1.7)$$

表 7.1.4 AB 二元表

AB 二元表	B_1	B_2	B_3	B_4	水準計	(水準計)^2
A_1	34.7	24.3	8.7	26.0	93.7	8 779.69
A_2	42.0	40.3	43.3	32.1	157.7	24 869.29
A_3	26.6	39.2	22.8	26.0	114.6	13 133.16
水準計	103.3	103.8	74.8	84.1	366.0	46 782.14
(水準計)^2	10 670.9	10 774.4	5 595.0	7 072.8	34 113.2	

表 7.1.5 データの 2 乗表

AB(2 乗表)	B_1	B_2	B_3	B_4	水準計
A_1	1 204.09	590.49	75.69	676.00	2 546.3
A_2	1 764.00	1 624.09	1 874.89	1 030.41	6 293.4
A_3	707.56	1 536.64	519.84	676.00	3 440.0
水準計	3 675.65	3 751.22	2 470.42	2 382.41	12 279.70

したがって，交互作用 $A \times B$ の平方和は，

$$S_{A \times B} = S_{AB} - S_A - S_B = 558.35 - 266.27 - 104.03 = 188.05$$

$$(\text{自由度 } \varphi_{A \times B} = 2 \times 3 = 6) \qquad (7.1.8)$$

と計算されます．また，誤差平方和は

$$S_E = S_T - S_{AB} - S_R = 578.14 - 558.35 - 3.68 = 16.11$$

$$(\text{自由度 } \varphi_E = 23 - 1 - 2 - 3 - 6 = 11) \qquad (7.1.9)$$

となります．

7.2 寄 与 率

寄与率はそれぞれ次のように計算できます．

$$\rho_R = \frac{S_R - \varphi_R V_E}{S_T} = \frac{3.68 - 1 \times 1.46}{578.14} = 0.004 \qquad (7.2.1)$$

$$\rho_A = \frac{S_A - \varphi_A V_E}{S_T} = \frac{266.27 - 2 \times 1.46}{578.14} = 0.456 \qquad (7.2.2)$$

$$\rho_B = \frac{S_B - \varphi_B V_E}{S_T} = \frac{104.03 - 3 \times 1.46}{578.14} = 0.172 \qquad (7.2.3)$$

$$\rho_{A \times B} = \frac{S_{A \times B} - \varphi_{A \times B} V_E}{S_T} = \frac{188.05 - 6 \times 1.46}{578.14} = 0.310 \qquad (7.2.4)$$

$$\rho_E = 1.0 - \rho_R - \rho_A - \rho_B - \rho_{A \times B}$$
$$= 1.0 - 0.004 - 0.456 - 0.172 - 0.310 = 0.058 \qquad (7.2.5)$$

これらを分散分析表にまとめると表 7.2.1 のようになります．

分散分析表から，検定で有意とならなかった反復は，寄与率でも 0.4% と小さい値なので，これを誤差にプールすることにします．この場合は，改めて分散分析表を作成するまでもなく，表 6.2.5 の繰返しのある二元配置実験の分散分析表と一致します．

7.2 寄 与 率

表 7.2.1 反復のある二元配置実験の分散分析表

要因	平方和	自由度	平均平方	F比	検定	5%点	1%点	寄与率
R	3.68	1	3.68	2.51		4.84	9.65	0.004
A	266.27	2	133.14	90.91	**	3.98	7.21	0.456
B	104.03	3	34.68	23.68	**	3.59	6.22	0.172
A×B	188.05	6	31.34	21.40	**	3.09	5.07	0.310
E	16.11	11	1.46	—	—	—	—	0.058
合計	578.14	23	—	—	—	—	—	1.000

8章

乱　塊　法

8.1　ブロック因子と乱塊法

　実験の場の変動が大きい場合に，いくつかの処理の比較実験を行うためにブロックを導入して，各ブロックの中で比較したい処理の一揃いの実験の順番を無作為化して行う方法を乱塊法（randomized block design）といいます．例えば，ある物質の製造工程で収率を上げるために温度を変えて実験することを考えます．特に問題がなければ温度を取り上げた一元配置実験を計画すればよいでしょう．しかし，原料のばらつきが大きく，しかも購入品なので手が打てないという場合には，原料のばらつきに影響されないようにして，収率の最も高い温度を検討したいことになります．この場合には，原料をブロック因子として表8.1.1に示すような乱塊法による一因子実験を行います．この計画の特徴は，表8.1.1からわかるように，ブロック因子Bの各水準において，因子Aの4水準が無作為な順番で実験されるようになっていることです．したがって，ブロックによる違いは，比較したい処理に同じように影響を与えるので公平な取り扱いになっていることがわかります．

表 8.1.1　乱塊法の実験順序

	A_1	A_2	A_3	A_4
B_1	②	③	①	④
B_2	⑤	⑧	⑥	⑦
B_3	⑫	⑩	⑨	⑪

各ブロックの中で一揃いの処理を比較する

8.2 乱塊法のデータの構造と分散分析

乱塊法による一因子実験により得られるデータは，次のような構造式で表されるものと考えます．

$$x_{ij} = \mu + \alpha_i + \gamma_j + \varepsilon_{ij} \tag{8.2.1}$$

ここに，α_i ：A_i 水準の効果
γ_j ：j 番目のブロックの効果
ε_{ij} ：誤差

いま，原料ロットをブロック因子（3 水準）とし，温度を 4 水準とって収率（質量%）を調べたところ表 8.2.1 のデータが得られました．まず，データをグラフで表すと図 8.2.1 と図 8.2.2 のようになります．前者から，原料ロット（ブロック）のばらつきがあること，後者からそれにもかかわらず，A_2 水準における収率が最も高いことがわかります．

乱塊法による一因子実験は，表 8.2.1 のデータ表からもわかるように，二元配置実験の分散分析と同様な手順で分析できます．違いは，誤差平方和からブロック間平方和を分離することができるので，処理間の比較が行いやすくなるということです．

表 8.2.1 乱塊法の実験データ

	A_1	A_2	A_3	A_4
B_1	10.8	11.3	10.1	8.4
B_2	11.7	12.3	10.3	9.5
B_3	10.7	10.8	9.5	8.5

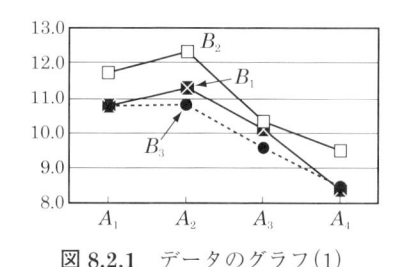

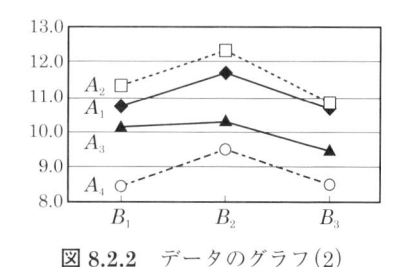

図 8.2.1　データのグラフ(1)　　　図 8.2.2　データのグラフ(2)

8.2 乱塊法のデータの構造と分散分析

表 8.2.2　乱塊法のデータの集計表

	A_1	A_2	A_3	A_4	B 水準計	(B 水準計)^2
B_1	10.8	11.3	10.1	8.4	40.6	1 648.36
B_2	11.7	12.3	10.3	9.5	43.8	1 918.44
B_3	10.7	10.8	9.5	8.5	39.5	1 560.25
A 水準計	33.2	34.4	29.9	26.4	123.9	5 127.05
(A 水準計)^2	1 102.24	1 183.36	894.01	696.96	3 876.57	

表 8.2.3　データの 2 乗集計表

	A_1	A_2	A_3	A_4	B 水準計
B_1	116.64	127.69	102.01	70.56	416.90
B_2	136.89	151.29	106.09	90.25	484.52
B_3	114.49	116.64	90.25	72.25	393.63
A 水準計	368.02	395.62	298.35	233.06	1 295.05

表 8.2.2 から，データの合計は 123.9 です．これより修正項と，表 8.2.3 のデータの 2 乗和が 1 295.05 であることから，総平方和がそれぞれ次のように求められます．

$$CT = \frac{123.9^2}{3 \times 4} = 1\,279.27 \tag{8.2.2}$$

$$S_T = 1\,295.05 - CT = 15.78 \quad (\text{自由度 } \varphi_T = 4 \times 3 - 1 = 11) \tag{8.2.3}$$

因子 A の水準間平方和は，表 8.2.2 から水準計の 2 乗和が 3 876.57 ですから，次のように求められます．

$$S_A = \frac{3\,876.57}{3} - CT = 1\,292.19 - 1\,279.27 = 12.92$$

$$(\text{自由度 } \varphi_A = 4 - 1 = 3) \tag{8.2.4}$$

ブロック間平方和は，表 8.2.2 から水準計の 2 乗和が 5 127.05 ですから，次のようにして求めます．

$$S_B = \frac{5\,127.05}{4} - CT = 1\,281.76 - 1\,279.27 = 2.49$$

$$(\text{自由度 } \varphi_B = 3 - 1 = 2) \tag{8.2.5}$$

誤差平方和は，総平方和から因子 A の平方和とブロック間平方和を引いて

次のように求めます.

$$S_E = S_T - S_A - S_B = 15.78 - 12.92 - 2.49 = 0.37$$

$$(自由度\ \varphi_E = \varphi_T - \varphi_A - \varphi_B = 11 - 3 - 2 = 6) \quad (8.2.6)$$

以上を，分散分析表にまとめると表 8.2.4 となります.

表 8.2.4 乱塊法の分散分析表

要因	平方和	自由度	平均平方	F比	検定	5%点	1%点
A（温度）	12.92	3	4.307	70.81	**	4.76	9.78
B（原料ロット）	2.49	2	1.247	20.51	**	5.14	10.9
E（誤差）	0.37	6	0.061				
合計	15.78	11					

因子 A（温度）も B（原料ロット）のブロック因子も高度に有意という結論が得られました．したがって，温度によっても原料によっても収率が高いとか低いということが起こり得ることになります．表 8.2.2 の集計表から，収率がもっとも高いのは A_2 水準であることがわかります．

ここで，要因ごとの平均平方の期待値を次のように計算することができます．

$$E(V_A) = \sigma_E^2 + b\sigma_A^2 = \sigma_E^2 + 3\sigma_A^2 \quad (8.2.7)$$

$$E(V_B) = \sigma_E^2 + a\sigma_B^2 = \sigma_E^2 + 4\sigma_B^2 \quad (8.2.8)$$

$$E(V_E) = \sigma_E^2 \quad (8.2.9)$$

これから，原料ロット（ブロック）の分散を次のようにして推定することができます．

$$\hat{\sigma}_B^2 = \frac{V_B - V_E}{4} = \frac{1.245 - 0.062}{4} = 0.295\,8 \quad (8.2.10)$$

ブロック因子が有意でない場合は，それを誤差にプールして分散分析表を作成し直します．そうすると，通常の一元配置実験を行ったのと同じ結果になります．この場合は，ブロック因子が有意となっていますが，因子 A の水準間の母平均の差の推定はブロック因子の影響を受けずに次のようにして推定できます．まず，A_i 水準と A_j 水準の母平均の差の点推定は次式で行います．

8.2 乱塊法のデータの構造と分散分析

$$\widehat{\mu(A_i) - \mu(A_j)} = \bar{x}_{i.} - \bar{x}_{j.} \tag{8.2.11}$$

例えば，A_1 水準と A_2 水準の母平均の差の点推定値は次のように求められます．

$$\widehat{\mu(A_1) - \mu(A_2)} = \bar{x}_{1.} - \bar{x}_{2.} = \frac{40.6}{4} - \frac{43.8}{4} = -0.800 \tag{8.2.12}$$

信頼率 95％の母平均の区間推定の信頼幅は次のようになります．

$$\pm t(\varphi_E, 0.025)\sqrt{2 \times \frac{V_E}{b}} = \pm t(6, 0.025)\sqrt{2 \times \frac{0.062}{3}}$$

$$= 2.447 \times 0.203 = 0.497 \tag{8.2.13}$$

これより，A_1 水準と A_2 水準の母平均の差の信頼上限と信頼下限は，それぞれ次のように求められます．

$$-0.800 \pm 0.497 = \begin{cases} -0.303 \\ -1.297 \end{cases} \tag{8.2.14}$$

9章

分　割　法

9.1 分割法とは

　フィッシャー(R.A. Fisher)の実験の3原則は，無作為化の原則，繰返し・反復の原則，局所管理の原則です．無作為化の原則は4.1節で既に述べたように，実験の順番を無作為に決めて行うことです．これにより，系統誤差を排除しようという考えに基づく原則です．繰返し・反復の原則は，これにより実験誤差を評価することができ，実験の再現性を保証するための原則です．局所管理の原則は実験の場を細分化することにより，できるだけ均一な実験の場を確保することにより，水準間の比較の精度を高めようという考えに基づいています．

　ところで，実験には水準の変更が容易でない因子が含まれることがあります．例えば，ガラス瓶の製造工程では溶解炉で原料を溶かす必要があります．ここで，原料の配合と溶解炉の温度を取り上げて，ガラス瓶の品質との関係を分析することを考えてみます．溶解炉の温度として，1150℃，1200℃，1250℃の3水準をとり，原料の配合を4とおり用意して実験するとします．この実験を完全無作為化で行うとすれば，3×4 = 12回の実験ごとに溶解炉の温度や配合を変更して実施することになります．溶解炉の熱容量は非常に大きいので，温度を上げたり下げたりするのは容易ではありません．したがって，現実にはほとんど実施不可能ということになります．

　このように，水準の変更が困難な因子がある場合の実験計画法が分割法(split plot design) と呼ばれる方法です．先の例について，分割法では，ま

ず，溶解炉の温度を無作為に決めます．決められた温度について，4水準の原料の配合を無作為に選んで実験を行います．4水準の実験が終わったら，次に残りの温度について無作為に決定し，その温度のもとで4水準の配合を無作為に変えながら実験を行います．最後に，同様にして残りの実験を行います．

　分割法では，実験全体を一度に無作為化するのではなく，先の例では，まず温度を無作為に決め，その温度のもとで配合を無作為に順番を決めて実験するというように無作為化を2段階で行っているところに特徴があります．完全無作為化だと温度を12回無作為に変更するところを，分割法では3回で済むことになり，それだけ実験が実施しやすくなります．分割法というのは，実験の場を分けてそれぞれに無作為化を行うということから名付けられています．実験誤差は無作為化に伴って現れますから，一般には何種類かの誤差を考えなければならないことになります．実験はやりやすくなりますが，その分，分散分析はやや面倒になります．

9.2　分割法による実験とデータの構造

　いま，1日1回温度を設定して配合を変える実験ができるとすれば，表9.2.1のように日をブロックとする乱塊法による実験を計画することもできます．しかし，これでは，ブロックが有意となったとき，日間変動と温度（因子A）が交絡してしまうので温度が影響しているかどうか判断することはできません．

　こうしたことを避けるためには，表9.2.2に示すように同じ温度で2回実験

表 9.2.1　乱塊法の実験順序

温度＼配合	B_1	B_2	B_3	B_4
A_1	⑪	⑫	⑨	⑩
A_2	①	④	③	②
A_3	⑦	⑤	⑥	⑧

9.2 分割法による実験とデータの構造

表 9.2.2 分割法の実験順序

温度＼配合	反復1 (R_1)				反復2 (R_2)			
	B_1	B_2	B_3	B_4	B_1	B_2	B_3	B_4
A_1	⑪	⑫	⑨	⑩	⑧	⑥	⑤	⑦
A_2	①	④	③	②	⑨	⑫	⑪	⑩
A_3	⑦	⑤	⑥	⑧	②	①	④	③

することにします．つまり，1日1回温度を設定して実験できるので，6日間かけて実験することにします．まず，日によって無作為に温度を設定し，その温度のもとで1日に4水準の配合について無作為に順序を決めて実験することにします．

分割法では，このように無作為化が2段階で行われることに注意します．第1段階では，日を単位としてどの温度の水準にするか無作為に決めます．このとき，日を"1次単位"といい，日間のばらつきを"1次誤差"と呼びます．第2段階は，個々の実験を行う配合の水準を無作為に決めます．この場合の個々の実験を"2次単位"といい，個々の実験に付随する誤差を"2次誤差"といいます．

表9.2.3に，因子Aを1次因子，因子Bを2次因子とする反復のある分割実験で得られたデータを示します．この実験では小さいほど好ましい特性を取り上げています．

表 9.2.3 分割法により得られたデータ

	R_1				R_2			
	B_1	B_2	B_3	B_4	B_1	B_2	B_3	B_4
A_1	18	15	19	21	19	14	24	19
A_2	13	12	19	19	16	12	20	22
A_3	13	10	17	17	11	10	20	15

反復のq回目の効果をγ_q，A_iとB_jの効果をそれぞれα_i及びβ_jとしそれらの交互作用を$(\alpha\beta)_{ij}$と表します．また，1次誤差を$\varepsilon_{qi}^{(1)}$，2次誤差を$\varepsilon_{qij}^{(2)}$と表せば，データx_{qij}は次のような構造式で表されます．

9章　分割法

$$x_{qij} = \mu + \gamma_q + \alpha_i + \varepsilon_{qi}^{(1)} + \beta_j + (\alpha\beta)_{ij} + \varepsilon_{qij}^{(2)} \tag{9.2.1}$$

これら要因効果はそれぞれ次のように推定することができます．

$$\hat{\mu} = \bar{x}_{...} \tag{9.2.2}$$

$$\hat{\gamma}_q = \bar{x}_{q..} - \bar{x}_{...} \tag{9.2.3}$$

$$\hat{\alpha}_i = \bar{x}_{.i.} - \bar{x}_{...} \tag{9.2.4}$$

$$\hat{\varepsilon}_{qi}^{(1)} = \bar{x}_{qi.} - \bar{x}_{q..} - \bar{x}_{.i.} + \bar{x}_{...} \tag{9.2.5}$$

$$\hat{\beta}_j = \bar{x}_{..j} - \bar{x}_{...} \tag{9.2.6}$$

$$(\alpha\beta)_{ij} = \bar{x}_{.ij} - \bar{x}_{.i.} - \bar{x}_{..j} + \bar{x}_{...} \tag{9.2.7}$$

$$\hat{\varepsilon}_{qij}^{(2)} = x_{qij} - \bar{x}_{.ij} - \bar{x}_{qi.} + \bar{x}_{.i.} \tag{9.2.8}$$

構造式に基づいて，データを各効果に分解すれば次のように表すことができます．破線は反復をわかりやすくするために記入したものです．

$$\begin{pmatrix} 18 & 15 & 19 & 21 & 19 & 14 & 24 & 19 \\ 13 & 12 & 19 & 19 & 16 & 12 & 20 & 22 \\ 13 & 10 & 17 & 17 & 11 & 10 & 20 & 15 \end{pmatrix}$$

$$= \begin{pmatrix} 16.458 & 16.458 & 16.458 & 16.458 & 16.458 & 16.458 & 16.458 & 16.458 \\ 16.458 & 16.458 & 16.458 & 16.458 & 16.458 & 16.458 & 16.458 & 16.458 \\ 16.458 & 16.458 & 16.458 & 16.458 & 16.458 & 16.458 & 16.458 & 16.458 \end{pmatrix}$$

$$+ \begin{pmatrix} -0.375 & -0.375 & -0.375 & -0.375 & 0.375 & 0.375 & 0.375 & 0.375 \\ -0.375 & -0.375 & -0.375 & -0.375 & 0.375 & 0.375 & 0.375 & 0.375 \\ -0.375 & -0.375 & -0.375 & -0.375 & 0.375 & 0.375 & 0.375 & 0.375 \end{pmatrix}$$

$$+ \begin{pmatrix} 2.167 & 2.167 & 2.167 & 2.167 & 2.167 & 2.167 & 2.167 & 2.167 \\ 0.167 & 0.167 & 0.167 & 0.167 & 0.167 & 0.167 & 0.167 & 0.167 \\ -2.333 & -2.333 & -2.333 & -2.333 & -2.333 & -2.333 & -2.333 & -2.333 \end{pmatrix}$$

$$+ \begin{pmatrix} 0.000 & 0.000 & 0.000 & 0.000 & 0.000 & 0.000 & 0.000 & 0.000 \\ -0.500 & -0.500 & -0.500 & -0.500 & 0.500 & 0.500 & 0.500 & 0.500 \\ 0.500 & 0.500 & 0.500 & 0.500 & -0.500 & -0.500 & -0.500 & -0.500 \end{pmatrix}$$

$$+ \begin{pmatrix} -1.458 & -4.292 & 3.375 & 2.375 & -1.458 & -4.292 & 3.375 & 2.375 \\ -1.458 & -4.292 & 3.375 & 2.375 & -1.458 & -4.292 & 3.375 & 2.375 \\ -1.458 & -4.292 & 3.375 & 2.375 & -1.458 & -4.292 & 3.375 & 2.375 \end{pmatrix}$$

$$+\begin{pmatrix} 1.333 & 0.167 & -0.500 & -1.000 & 1.333 & 0.167 & -0.500 & -1.000 \\ -0.667 & -0.333 & -0.500 & 1.500 & -0.667 & -0.333 & -0.500 & 1.500 \\ -0.667 & 0.167 & 1.000 & -0.500 & -0.667 & 0.167 & 1.000 & -0.500 \end{pmatrix}$$

$$+\begin{pmatrix} -0.125 & 0.875 & -2.125 & 1.375 & 0.125 & -0.875 & 2.125 & -1.375 \\ -0.625 & 0.875 & 0.375 & -0.625 & 0.625 & -0.875 & -0.375 & 0.625 \\ 0.875 & -0.125 & -1.625 & 0.875 & -0.875 & 0.125 & 1.625 & -0.875 \end{pmatrix}$$

(9.2.9)

式(9.2.9)の左辺の行列の要素から総平方和を求めると次のようになります．

$$S_T = \sum_{q=1}^{2}\sum_{i=1}^{3}\sum_{j=1}^{4} x_{qij}^2 - \frac{\left(\sum_{q=1}^{2}\sum_{i=1}^{3}\sum_{j=1}^{4} x_{qij}\right)^2}{24} = 6\,857.000 - 6\,501.042 = 355.958$$

(9.2.10)

また，右辺の第2項から7項までの行列の要素の平方和（合計はゼロですから，単純な2乗和）を求めると次のようになります．

$S_R = 3.375, \quad S_A = 81.333, \quad S_{E(1)} = 4.000, \quad S_B = 225.458,$

$S_{A \times B} = 15.667, \quad S_{E(2)} = 26.125$

このように各要因の平方和を求めることができるので，それぞれの自由度を考え合わせれば分散分析表を作成することができます．しかし，このようにデータを構造式に従って分解してから平方和を求めるのは面倒なので，普通は次節で述べるように平方和を求めます．

9.3 分散分析

分割法の実験データを分散分析するためには，1次単位と2次単位に分けてデータを集計します．まず，データの集計表を表9.3.1のように表します．

表9.2.3のデータに当てはめれば表9.3.2のようになります．このほかに，各平方和を計算するために，表9.3.3の2乗表及び表9.3.4と表9.3.5のRA二元表及びAB二元表を作成します．

9章 分割法

表 9.3.1 分割実験の集計表

	R_1					R_2					行総計
	B_1	B_2	B_3	B_4	行計	B_1	B_2	B_3	B_4	行計	
A_1	x_{111}	x_{112}	x_{113}	x_{114}	$T_{11.}$	x_{211}	x_{212}	x_{213}	x_{214}	$T_{21.}$	$T_{.1.}$
A_2	x_{121}	x_{122}	x_{123}	x_{124}	$T_{12.}$	x_{221}	x_{222}	x_{223}	x_{224}	$T_{22.}$	$T_{.2.}$
A_3	x_{131}	x_{132}	x_{133}	x_{134}	$T_{13.}$	x_{231}	x_{232}	x_{233}	x_{234}	$T_{23.}$	$T_{.3.}$
列計	$T_{1.1}$	$T_{1.2}$	$T_{1.3}$	$T_{1.4}$	$T_{1..}$	$T_{2.1}$	$T_{2.2}$	$T_{2.3}$	$T_{2.4}$	$T_{2..}$	$T_{...}$

表 9.3.2 分割法のデータの集計表

	R_1					R_2					A水準計
	B_1	B_2	B_3	B_4	行計	B_1	B_2	B_3	B_4	行計	
A_1	18	15	19	21	73	19	14	24	19	76	149
A_2	13	12	19	19	63	16	12	20	22	70	133
A_3	13	10	17	17	57	11	10	20	15	56	113
列計	44	37	55	57	193	46	36	64	56	202	395

表 9.3.3 データの2乗集計表

	R_1				R_2				行計
	B_1	B_2	B_3	B_4	B_1	B_2	B_3	B_4	
A_1	324	225	361	441	361	196	576	361	2 845
A_2	169	144	361	361	256	144	400	484	2 319
A_3	169	100	289	289	121	100	400	225	1 693
列計	662	469	1 011	1 091	738	440	1 376	1 070	6 857

表 9.3.4 RA二元表

4	R_1	R_2	A水準計	(A水準計)^2
A_1	73	76	149	22 201
A_2	63	70	133	17 689
A_3	57	56	113	12 769
反復計	193	202	395	52 659
(反復計)^2	37 249	40 804	78 053	

表 9.3.5 AB二元表

2	B_1	B_2	B_3	B_4
A_1	37	29	43	40
A_2	29	24	39	41
A_3	24	20	37	32
B水準計	90	73	119	113
(B水準計)^2	8 100	5 329	14 161	12 769

データの合計は次のように求められます．

$$T_{...} = \sum_{q=1}^{2}\sum_{i=1}^{3}\sum_{j=1}^{4} x_{qij} = 395 \tag{9.3.1}$$

これより，修正項は

$$CT = \frac{T_{...}^{2}}{2\times 3\times 4} = \frac{395^{2}}{24} = 6\,501.042 \tag{9.3.2}$$

となるので，総平方和は表 9.3.3 の 2 乗集計表から次のように求められます．

$$S_T = \sum_{q=1}^{2}\sum_{i=1}^{3}\sum_{j=1}^{4} x_{qij}^{2} - CT = 6\,857 - 6\,501.042 = 355.958$$

$$(自由度\ \varphi_T = 2\times 3\times 4 - 1 = 23) \tag{9.3.3}$$

反復間平方和は，表 9.3.4 から次のように求めます．

$$S_R = \frac{\sum_{q=1}^{2} T_{q..}^{2}}{3\times 4} - CT = \frac{78\,053}{12} - 6\,501.042 = 3.375$$

$$(自由度\ \varphi_R = 2 - 1 = 1) \tag{9.3.4}$$

A 水準間平方和は，

$$S_A = \frac{\sum_{i=1}^{3} T_{.i.}^{2}}{2\times 4} - CT = \frac{52\,659}{8} - 6\,501.042 = 81.333$$

$$(自由度\ \varphi_A = 3 - 1 = 2) \tag{9.3.5}$$

また，表 9.3.4 から，

$$S_{RA} = \frac{\sum_{q=1}^{2}\sum_{i=1}^{3} T_{qi.}^{2}}{4} - CT = \frac{73^{2}+76^{2}+63^{2}+70^{2}+57^{2}+56^{2}}{4} - 6\,501.042$$

$$= 88.708$$

$$(自由度\ \varphi_{RA} = 6 - 1 = 5) \tag{9.3.6}$$

となるので，1 次誤差平方和は次のように求められます．

$$S_{E(1)} = S_{RA} - S_R - S_A = 88.708 - 3.375 - 81.333 = 4.000$$

$$[自由度\ \varphi_{E(1)} = \varphi_{RA} - \varphi_R - \varphi_A = (6-1)-1-2 = 2] \tag{9.3.7}$$

次に，B 水準間平方和は表 9.3.5 から，次のように求められます．

$$S_B = \frac{\sum_{j=1}^{4} T_{\cdot\cdot j}^2}{6} - CT = \frac{8\,100 + 5\,329 + 14\,161 + 12\,769}{6} - 6\,501.042$$
$$= 225.458 \quad (\text{自由度 } \varphi_B = 4-1 = 3) \quad (9.3.8)$$

交互作用 $A \times B$ の平方和を求めるために,表 9.3.5 から,まず AB 級間平方和を次のように求めます.

$$S_{AB} = \frac{\sum_{i=1}^{3}\sum_{j=1}^{4} T_{\cdot ij}^2}{2} - CT = \frac{37^2 + 29^2 + 43^2 + \cdots + 37^2 + 32^2}{2} - 6\,501.042$$
$$= 322.458 \quad (9.3.9)$$

これから,$A \times B$ の交互作用平方和を次のように求めることができます.

$$S_{A \times B} = S_{AB} - S_A - S_B = 322.458 - 81.333 - 225.458 = 15.667$$
$$(\text{自由度 } \varphi_{A \times B} = \varphi_A \times \varphi_B = 2 \times 3 = 6) \quad (9.3.10)$$

最後に,2次誤差の平方和は,総平方和から各平方和を引いた残りとして次のように計算します.

$$S_{E(2)} = S_T - S_{RA} - S_B - S_{A \times B} = 355.958 - 88.708 - 225.458 - 15.667$$
$$= 26.125$$
$$(\text{自由度 } \varphi_{E(2)} = \varphi_T - \varphi_{RA} - \varphi_B - \varphi_{A \times B} = 23 - 5 - 3 - 6 = 9) \quad (9.3.11)$$

以上を整理して作成した分散分析表を表 9.3.6 に示します.分割法による実

表 9.3.6 分 散 分 析 表

要因	平方和	自由度	平均平方	F 比	5%点
1次単位					
反復 R	3.375	1	3.375	1.688	
A	81.333	2	40.667	20.333	
1次誤差 E(1)	4.000	2	2.000	—	4.26
2次単位					
B	225.458	3	75.153	25.890	
A×B	15.667	6	2.611	—	
2次誤差 E(2)	26.125	9	2.903		
合計	355.958	23			

験データの分散分析では，まず，1次誤差を2次誤差に対して有意性を検定します．この場合は，F 比が1より小さいことは明らかですから，F 比の欄に"—"を記入してあります．$F(2,9, 0.05) = 4.26$ ですが，検定するまでもなく1次誤差は有意でないことがわかります．分割法では，1次単位の要因は1次誤差に対して，2次単位の要因は2次誤差に対して検定しますが，この例のように1次誤差が有意でないときは，これを2次誤差にプーリングします．ここでは，有意でない交互作用 A×B も2次誤差にプールして表 9.3.7 のように分散分析表を作成します．

表 **9.3.7** プーリング後の分散分析表(1)

要因	平方和	自由度	平均平方	F 比	5%点
反復 R	3.375	1	3.375	1.253	4.45
A	81.333	2	40.667	15.095	3.59
B	225.458	3	75.153	27.900	3.20
2次誤差 E(2)′	45.792	17	2.694		
合計	355.958	23			

分散分析表から反復 R も有意ではないので，さらに誤差にプーリングして表 9.3.8 の分散分析表を作成します．

表 **9.3.8** プーリング後の分散分析表(2)

要因	平方和	自由度	平均平方	F 比	検定	5%点	1%点
A	81.333	2	40.667	14.888	**	3.55	6.01
B	225.458	3	75.153	27.513	**	3.16	5.09
2次誤差 E(2)″	49.167	18	2.732				
合計	355.958	23					

分散分析表から，当初想定していたデータの構造は式(9.2.1)のように複雑でしたが，結果としては，

$$x_{qij} = \mu + \alpha_i + \beta_j + \varepsilon_{qij} \tag{9.3.12}$$

のように二元配置の実験を行ったのと同じことになりました．したがって，実験がやりやすくなった分だけ得をしたことになります．

この例では，1次誤差も反復も交互作用も有意となりませんでしたが，分割法の検定の手順を図 9.3.1 に示します．

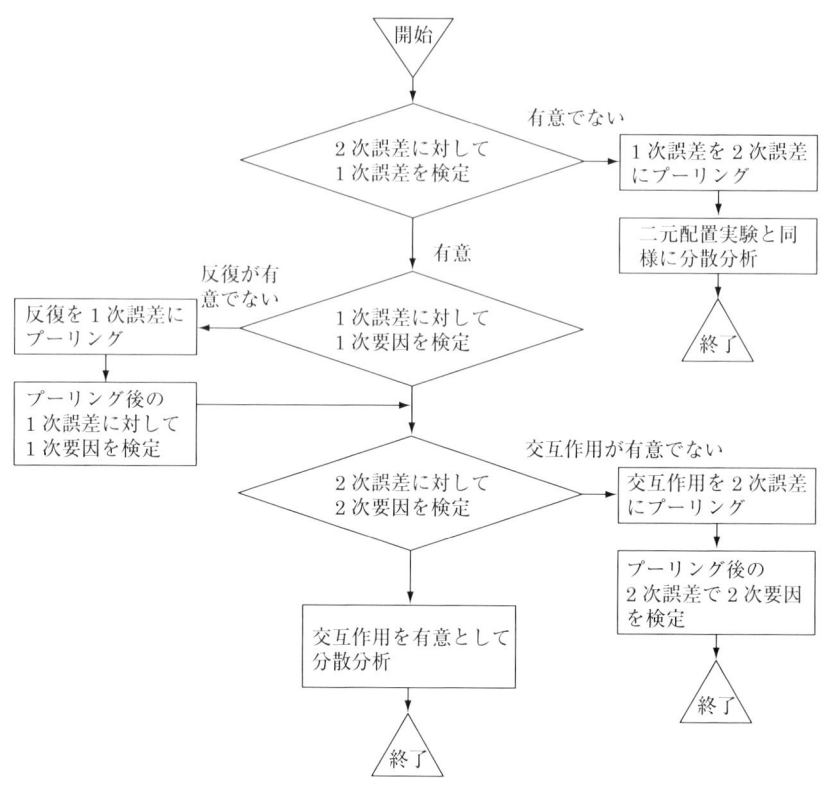

図 9.3.1 （単一）分割法の検定手順

9.4 平方和及び平均平方の期待値

　分割法の平方和と平均平方の期待値について計算します．データの構造式

$$x_{qij} = \mu + \gamma_q + \alpha_i + \varepsilon_{qi}^{(1)} + \beta_j + (\alpha\beta)_{ij} + \varepsilon_{qij}^{(2)} \tag{9.4.1}$$

において，反復の効果 γ_q，因子 A と B のそれぞれの主効果 α_i 及び β_j と交互作用 $(\alpha\beta)_{ij}$ については次のようになります．

$$\sum_{q=1}^{r} \gamma_q = 0 \tag{9.4.2}$$

$$\sum_{i=1}^{a} \alpha_i = 0 \tag{9.4.3}$$

9.4 平方和及び平均平方の期待値

$$\sum_{j=1}^{b} \beta_j = 0 \tag{9.4.4}$$

$$\sum_{i=1}^{a} (\alpha\beta)_{ij} = 0, \quad \sum_{j=1}^{b} (\alpha\beta)_{ij} = 0, \quad \sum_{i=1}^{a}\sum_{j=1}^{b} (\alpha\beta)_{ij} = 0 \tag{9.4.5}$$

また，1次誤差と2次誤差については次のように期待値はゼロです．

$$E(\varepsilon_{qi}^{(1)}) = 0 \tag{9.4.6}$$

$$E(\varepsilon_{qij}^{(2)}) = 0 \tag{9.4.7}$$

反復の平方和は次式で計算されます．

$$S_R = \sum_{q=1}^{r}\sum_{i=1}^{a}\sum_{j=1}^{b} (\bar{x}_{q..} - \bar{x}_{...})^2 \tag{9.4.8}$$

したがって，

$$\bar{x}_{q..} = \mu + \gamma_q + \bar{\varepsilon}_{q.}^{(1)} + \bar{\varepsilon}_{q..}^{(2)} \tag{9.4.9}$$

及び，

$$\bar{x}_{...} = \mu + \bar{\varepsilon}_{..}^{(1)} + \bar{\varepsilon}_{...}^{(2)} \tag{9.4.10}$$

に注意して，その期待値は次のように導かれます．

$$\begin{aligned}
E(S_R) &= E\left\{\sum_{q=1}^{r}\sum_{i=1}^{a}\sum_{j=1}^{b}\left[(\mu + \gamma_q + \bar{\varepsilon}_{q.}^{(1)} + \bar{\varepsilon}_{q..}^{(2)}) - (\mu + \bar{\varepsilon}_{..}^{(1)} + \bar{\varepsilon}_{...}^{(2)})\right]^2\right\} \\
&= abE\left\{\sum_{q=1}^{r}\left[\gamma_q + (\bar{\varepsilon}_{q.}^{(1)} - \bar{\varepsilon}_{..}^{(1)}) + (\bar{\varepsilon}_{q..}^{(2)} - \bar{\varepsilon}_{...}^{(2)})\right]^2\right\} \\
&= abE\left\{\sum_{q=1}^{r}\left[\gamma_q^2 + (\bar{\varepsilon}_{q.}^{(1)} - \bar{\varepsilon}_{..}^{(1)})^2 + (\bar{\varepsilon}_{q..}^{(2)} - \bar{\varepsilon}_{...}^{(2)})^2 + 2\gamma_q(\bar{\varepsilon}_{q.}^{(1)} - \bar{\varepsilon}_{..}^{(1)})\right.\right. \\
&\quad \left.\left. + 2(\bar{\varepsilon}_{q.}^{(1)} - \bar{\varepsilon}_{..}^{(1)})(\bar{\varepsilon}_{q..}^{(2)} - \bar{\varepsilon}_{...}^{(2)}) + 2\gamma_q(\bar{\varepsilon}_{q..}^{(2)} - \bar{\varepsilon}_{...}^{(2)})\right]\right\} \\
&= ab\sum_{q=1}^{r}\left\{E(\gamma_q^2) + E\left[(\bar{\varepsilon}_{q.}^{(1)} - \bar{\varepsilon}_{..}^{(1)})^2\right] + E\left[(\bar{\varepsilon}_{q..}^{(2)} - \bar{\varepsilon}_{...}^{(2)})^2\right]\right. \\
&\quad + 2\gamma_q E\left[(\bar{\varepsilon}_{q.}^{(1)} - \bar{\varepsilon}_{..}^{(1)})\right] + 2E\left[(\bar{\varepsilon}_{q.}^{(1)} - \bar{\varepsilon}_{..}^{(1)})(\bar{\varepsilon}_{q..}^{(2)} - \bar{\varepsilon}_{...}^{(2)})\right] \\
&\quad \left. + 2\gamma_q E\left[(\bar{\varepsilon}_{q..}^{(2)} - \bar{\varepsilon}_{...}^{(2)})\right]\right\}
\end{aligned} \tag{9.4.11}$$

ここで，誤差に関して次の諸式が成り立ちます．

$$E(\bar{\varepsilon}_{q.}^{(1)}) = 0, \quad E(\bar{\varepsilon}_{..}^{(1)}) = 0 \tag{9.4.12}$$

$$E(\bar{\varepsilon}_{q..}^{(2)}) = 0, \quad E(\bar{\varepsilon}_{...}^{(2)}) = 0 \tag{9.4.13}$$

また，1次誤差と2次誤差は独立ですから次式のようになります．

$$E\left[(\bar{\varepsilon}_{q.}^{(1)} - \bar{\varepsilon}_{..}^{(1)})(\bar{\varepsilon}_{q..}^{(2)} - \bar{\varepsilon}_{...}^{(2)})\right] = E\left[(\bar{\varepsilon}_{q.}^{(1)} - \bar{\varepsilon}_{..}^{(1)})\right] E\left[(\bar{\varepsilon}_{q..}^{(2)} - \bar{\varepsilon}_{...}^{(2)})\right] = 0 \tag{9.4.14}$$

これらから，式(9.4.11)は次のように整理できます．

$$E(S_R) = E\left[\sum_{q=1}^{r}\sum_{i=1}^{a}\sum_{j=1}^{b}(\bar{x}_{q..} - \bar{x}_{...})^2\right]$$

$$= ab E\left\{\sum_{q=1}^{r}\left[\gamma_q + (\bar{\varepsilon}_{q.}^{(1)} - \bar{\varepsilon}_{..}^{(1)}) + (\bar{\varepsilon}_{q..}^{(2)} - \bar{\varepsilon}_{...}^{(2)})\right]^2\right\} \tag{9.4.15}$$

ここで，

$$\frac{\sum_{q=1}^{r}\gamma_q^2}{r-1} = \sigma_R^2 \tag{9.4.16}$$

$$\frac{\sum_{q=1}^{r}E\left[(\bar{\varepsilon}_{q.}^{(1)} - \bar{\varepsilon}_{..}^{(1)})^2\right]}{r-1} = \frac{\sigma_{E(1)}^2}{a} \tag{9.4.17}$$

$$\frac{\sum_{q=1}^{r}E\left[(\bar{\varepsilon}_{q..}^{(2)} - \bar{\varepsilon}_{...}^{(2)})^2\right]}{r-1} = \frac{\sigma_{E(2)}^2}{ab} \tag{9.4.18}$$

となることに注意すると，反復の平方和の期待値を次式のように導くことができます．

$$E(S_R) = (r-1)\sigma_{E(2)}^2 + b(r-1)\sigma_{E(1)}^2 + ab(r-1)\sigma_R^2 \tag{9.4.19}$$

これから，平均平方の期待値は次のように求められます．

$$E\left(\frac{S_R}{r-1}\right) = \sigma_{E(2)}^2 + b\sigma_{E(1)}^2 + ab\sigma_R^2 \tag{9.4.20}$$

このようにして計算すれば，いろいろな要因の平方和及び平均平方の期待値を計算できるのですがいちいち計算するのは面倒です．さいわいにして，以下のルールに従って平均平方の期待値を書き下すことができるので，このような煩雑な計算をしなくて済みます．

① 1次因子及び1次因子同士の交互作用は，1次要因となります．

② 2次因子及び1次因子と2次因子の交互作用は，2次要因となります．
③ 2次因子同士の交互作用は，2次要因となります．
④ 2次誤差 $\sigma_{E(2)}^2$ は，すべての要因の平均平方に1個分含まれます．
⑤ 1次誤差 $\sigma_{E(1)}^2$ は，すべての1次要因の平均平方に，1次単位内の2次単位の数分だけ含まれます．
⑥ その他のルールは，一元配置や二元配置実験の場合と同様です．

書き下しのルールに従って平均平方の期待値を記入した分散分析表を表9.4.1に示します．

表 9.4.1　平均平方の期待値を記入した分散分析表

要因	平方和	自由度	平均平方	F比	平均平方の期待値
1次単位					
反復 R	3.375	1	3.375	1.688	$\sigma_{E(2)}^2 + 4\sigma_{E(1)}^2 + 12\sigma_R^2$
A	81.333	2	40.667	20.333	$\sigma_{E(2)}^2 + 4\sigma_{E(1)}^2 + 8\sigma_A^2$
1次誤差 E(1)	4.000	2	2.000	—	$\sigma_{E(2)}^2 + 4\sigma_{E(1)}^2$
2次単位					
B	225.458	3	75.153	25.890	$\sigma_{E(2)}^2 + 6\sigma_B^2$
A×B	15.667	6	2.611	—	$\sigma_{E(2)}^2 + 2\sigma_{A\times B}^2$
2次誤差 E(2)	26.125	9	2.903		$\sigma_{E(2)}^2$

9.5　母平均の推定

分割実験においても，母平均の点推定は通常の二元配置実験の場合と同じように行います．ただし，1次誤差が有意となった場合は，母平均の区間推定に1次誤差と2次誤差が関係してくるので注意が必要です．いま，表9.3.1（再掲）のデータに対して，作成された分散分析表が表9.5.1のようになったとします．

このとき，いくつかの場合に分けて母平均の推定の方法について述べます．

(再掲) 表 9.3.1 分割実験の集計表

	R_1					R_2					行総計
	B_1	B_2	B_3	B_4	行計	B_1	B_2	B_3	B_4	行計	
A_1	x_{111}	x_{112}	x_{113}	x_{114}	$T_{11.}$	x_{211}	x_{212}	x_{213}	x_{214}	$T_{21.}$	$T_{.1.}$
A_2	x_{121}	x_{122}	x_{123}	x_{124}	$T_{12.}$	x_{221}	x_{222}	x_{223}	x_{224}	$T_{22.}$	$T_{.2.}$
A_3	x_{131}	x_{132}	x_{133}	x_{134}	$T_{13.}$	x_{231}	x_{232}	x_{233}	x_{234}	$T_{23.}$	$T_{.3.}$
列計	$T_{1.1}$	$T_{1.2}$	$T_{1.3}$	$T_{1.4}$	$T_{1..}$	$T_{2.1}$	$T_{2.2}$	$T_{2.3}$	$T_{2.4}$	$T_{2..}$	$T_{...}$

表 9.5.1 平均平方の期待値を記入した分散分析表

要因	平方和	自由度	平均平方	F比	平均平方の期待値
1次単位					
反復 R	S_R	φ_R	V_R		$\sigma_{E(2)}^2 + b\sigma_{E(1)}^2 + rab\sigma_R^2$
A	S_A	φ_A	V_A		$\sigma_{E(2)}^2 + b\sigma_{E(1)}^2 + rb\sigma_A^2$
1次誤差 E(1)	$S_{e(1)}$	$\varphi_{e(1)}$	$V_{e(1)}$		$\sigma_{E(2)}^2 + b\sigma_{E(1)}^2$
2次単位					
B	S_B	φ_B	V_B		$\sigma_{E(2)}^2 + ra\sigma_B^2$
A×B	$S_{A \times B}$	$\varphi_{A \times B}$	$V_{A \times B}$		$\sigma_{E(2)}^2 + r\sigma_{A \times B}^2$
2次誤差 E(2)	$S_{e(2)}$	$\varphi_{e(2)}$	$V_{e(2)}$		$\sigma_{E(2)}^2$

(1) 交互作用がないと考えられる場合の1次因子Aの第 i 水準 A_i における母平均の推定

母平均の点推定は次式で求められます.

$$\hat{\mu}(A_i) = \widehat{\mu + \alpha_i} = \bar{x}_{i..} = \frac{T_{A_i}}{rb} \tag{9.5.1}$$

また, 分散は次のように評価されます.

$$V(\bar{x}_{i..}) = V(\mu + \alpha_i + \bar{\varepsilon}_{i..}^{(1)} + \bar{\varepsilon}_{i..}^{(2)}) = \frac{\sigma_{E(1)}^2}{r} + \frac{\sigma_{E(2)}^2}{rb} = \frac{\sigma_{E(2)}^2 + b\sigma_{E(1)}^2}{rb} \tag{9.5.2}$$

表 9.5.1 の分散分析表の平均平方の期待値の欄から, $\sigma_{E(2)}^2 + b\sigma_{E(1)}^2$ は $V_{E(1)}$ で推定できるので, 母平均の信頼率 95%の区間推定は次式で求めることができます.

9.5 母平均の推定

$$\bar{x}_{i..} \pm t(\varphi_{E(1)}, 0.025)\sqrt{\frac{1}{rb}V_{E(1)}} \tag{9.5.3}$$

(2) 交互作用がないと考えられる場合の 2 次因子 B の第 j 水準 B_j における母平均の推定

母平均の点推定は次式で求められます．

$$\hat{\mu}(B_j) = \mu + \beta_j = \bar{x}_{.j.} = \frac{T_{B_j}}{ra} \tag{9.5.4}$$

分散は次式のように評価されます．

$$V(\bar{x}_{.j.}) = V(\mu + \beta_j + \bar{\varepsilon}_{..}^{(1)} + \bar{\varepsilon}_{.j}^{(2)}) = \frac{\sigma_{E(1)}^{2}}{ra} + \frac{\sigma_{E(2)}^{2}}{ra} = \frac{\sigma_{E(2)}^{2} + \sigma_{E(1)}^{2}}{ra} \tag{9.5.5}$$

この分散成分に対応する平均平方の期待値は見当たらないので，誤差分散を次のように合成して求めます．まず，次のように誤差分散を推定します．

$$\hat{\sigma}_{E(2)}^{2} = V_{E(2)} \tag{9.5.6}$$

$$\hat{\sigma}_{E(1)}^{2} = \frac{V_{E(1)} - V_{E(2)}}{b} \tag{9.5.7}$$

これらから，次式が導かれます．

$$\hat{V}(\bar{x}_{.j.}) = \frac{1}{ra}\left(\frac{V_{E(1)} - V_{E(2)}}{b} + V_{E(2)}\right) = \frac{V_{E(1)} + (b-1)V_{E(2)}}{rab} \tag{9.5.8}$$

したがって，信頼率 95% の母平均の区間推定を次のように求めることができます．

$$\bar{x}_{.j.} \pm t(\varphi^*, 0.025)\sqrt{\frac{V_{E(1)} + (b-1)V_{E(2)}}{rab}} \tag{9.5.9}$$

ここで，自由度 φ^* は，サッタースウェイト (Satterthwaite) の方法により次のように求めます．

$$\varphi^* = \frac{\left[V_{E(1)} + (b-1)V_{E(2)}\right]^2}{\dfrac{V_{E(1)}^{2}}{\varphi_{E(1)}} + \dfrac{(b-1)^2 V_{E(2)}^{2}}{\varphi_{E(2)}}} \tag{9.5.10}$$

通常，こうして求めた自由度は整数値とはならないので，補間法で近似値を求めます．具体的には，φ^* に最寄りの小さい整数自由度 φ_1 と大きい整数自由度 φ_2 に対する $t(\varphi_1, 0.025)$ と $t(\varphi_2, 0.025)$ の値を使って，次のように計算します．

$$t(\varphi^*, 0.025) = t(\varphi_1, 0.025) \times (\varphi_2 - \varphi^*) + t(\varphi_2, 0.025) \times (\varphi^* - \varphi_1) \tag{9.5.11}$$

最近は，プログラムで近似値を簡単に求めることもできます．

(3) 交互作用がないと考えられる場合の $A_i B_j$ における母平均の推定

母平均の点推定は次のように求められます．

$$\hat{\mu}(A_i B_j) = \widehat{\mu + \alpha_i + \beta_j} = \widehat{\mu + \alpha_i} + \widehat{\mu + \beta_j} - \hat{\mu}$$

$$= \bar{x}_{i..} + \bar{x}_{.j.} - \bar{x}_{...} = \frac{T_{A_i}}{rb} + \frac{T_{B_j}}{ra} - \frac{T_{...}}{rab} \tag{9.5.12}$$

区間推定を求めるためには，次式のように $\bar{x}_{i..} + \bar{x}_{.j.} - \bar{x}_{...}$ の分散を評価する必要があります．

$$V(\bar{x}_{i..} + \bar{x}_{.j.} - \bar{x}_{...}) = V\big[(\mu + \alpha_i + \bar{\varepsilon}_{i.}^{(1)} + \bar{\varepsilon}_{i..}^{(2)}) + (\mu + \alpha_i + \bar{\varepsilon}_{i.}^{(1)} + \beta_j + \bar{\varepsilon}_{.j.}^{(2)})$$
$$- (\mu + \bar{\varepsilon}_{.}^{(1)} + \bar{\varepsilon}_{...}^{(2)})\big] \tag{9.5.13}$$

整理すると，次のようになります．

$$V(\bar{x}_{i..} + \bar{x}_{.j.} - \bar{x}_{...}) = V(\bar{\varepsilon}_{i.}^{(1)}) + V(\bar{\varepsilon}_{i..}^{(2)} + \bar{\varepsilon}_{.j.}^{(2)} - \bar{\varepsilon}_{...}^{(2)}) \tag{9.5.14}$$

右辺第 1 項は次のようになります．

$$V(\bar{\varepsilon}_{i.}^{(1)}) = \frac{\sigma_{E(1)}^2}{r} \tag{9.5.15}$$

右辺第 2 項はカッコの中の各項が独立ではないので，伊奈の公式又は田口の公式を使って次のように計算します．

$$V(\bar{\varepsilon}_{i..}^{(2)} + \bar{\varepsilon}_{.j.}^{(2)} - \bar{\varepsilon}_{...}^{(2)}) = \left(\frac{1}{rb} + \frac{1}{ra} - \frac{1}{rab}\right)\sigma_{E(2)}^2 \tag{9.5.16}$$

以上をまとめて次式を得ます．

$$V(\bar{x}_{i..} + \bar{x}_{.j.} - \bar{x}_{...}) = \frac{1}{r}\sigma_{E(1)}^2 + \frac{a+b-1}{rab}\sigma_{E(2)}^2 \tag{9.5.17}$$

9.5 母平均の推定

これに対応する分散成分は分散分析表にないので，誤差分散を用いて推定します．2次誤差については，

$$\hat{\sigma}_{E(2)}^2 = V_{E(2)} \tag{9.5.18}$$

となります．1次誤差については，次のように求めます．

$$\hat{\sigma}_{E(1)}^2 = \frac{V_{E(1)} - V_{E(2)}}{b} \tag{9.5.19}$$

したがって，分散は次のように推定することができます．

$$\hat{V}(\hat{\mu}) = \frac{1}{n_{e_1}} V_{E_1} + \frac{1}{n_{e_2}} V_{E_2} \quad \text{(田口の公式)} \tag{9.5.20}$$

ここで，

$$n_{e_1} = \frac{\text{データの総数}}{(\text{推定に用いた1次要因の自由度の和}) + 1} \tag{9.5.21}$$

$$n_{e_2} = \frac{\text{データの総数}}{(\text{推定に用いた2次要因の自由度の和})} \tag{9.5.22}$$

です．データの総数は実験の総回数と同じです．

以上から，信頼率95%の$\hat{\mu}(A_iB_j)$の区間推定は次式となります．

$$(\bar{x}_{i.} + \bar{x}_{.j} - \bar{x}_{...}) \pm t(\varphi^*, 0.025)\sqrt{\frac{aV_{E_1} + (b-1)V_{E_2}}{rab}} \tag{9.5.23}$$

ここで，自由度φ^*は，サタースウェイトの方法で次式のように求めます．

$$\varphi^* = \frac{\left[aV_{E(1)} + (b-1)V_{E(2)}\right]^2}{\dfrac{a^2 V_{E(1)}^2}{\varphi_{E(1)}} + \dfrac{(b-1)^2 V_{E(2)}^2}{\varphi_{E(2)}}} \tag{9.5.24}$$

(4) 交互作用が有意のときのA_iB_jにおける母平均の推定

母平均の点推定は次のように求められます．

$$\hat{\mu}(A_iB_j) = \mu + \alpha_i + \beta_j + (\alpha\beta)_{ij} = \bar{x}_{.ij} \tag{9.5.25}$$

この分散は，

$$V\left[\hat{\mu}(A_i B_j)\right] = V(\bar{x}_{ij}) = V\left[\mu + \alpha_i + \bar{\varepsilon}_{.i}^{(1)} + \beta_j + (\alpha\beta)_{ij} + \bar{\varepsilon}_{.ij}^{(2)}\right]$$

$$= \frac{\sigma_{E(1)}^2}{r} + \frac{\sigma_{E(2)}^2}{r} \qquad (9.5.26)$$

と評価されます．したがって，次のように推定できます．

$$\hat{V}(\bar{x}_{.ij}) = \frac{V_{E_1} + (b-1)V_{E_2}}{rb} \qquad (9.5.27)$$

この自由度 φ^* は，サッタースウェイトの方法で次式のように求めます．

$$\varphi^* = \frac{\left[V_{E(1)} + (b-1)V_{E(2)}\right]^2}{\dfrac{V_{E(1)}^2}{\varphi_{E(1)}} + \dfrac{(b-1)^2 V_{E(2)}^2}{\varphi_{E(2)}}} \qquad (9.5.28)$$

したがって，信頼率 95％の母平均の区間推定は次のように求められます．

$$\bar{x}_{.ij} \pm t(\varphi^*, 0.025)\sqrt{\frac{V_{E_1} + (b-1)V_{E_2}}{rb}} \qquad (9.5.29)$$

10章

回帰分析

10.1 単回帰分析

実験においていくつか設定した水準 x_i に対して特性 y_i が観測されたとします．このとき，特性 y_i を目的変数，x_i を説明変数といいます．いま，ひもの長さ x_i の振子の周期 y_i を測定して表 10.1.1 のようなデータが得られました．グラフに表すと図 10.1.1 のようになります．

表 10.1.1　振子の周期のデータ

長さ（cm）	周期（s）
50	1.31
60	1.54
70	1.64
80	1.74
90	1.97
100	1.97
110	2.21

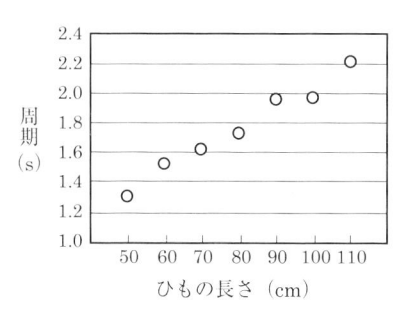

図 10.1.1　データのグラフ化

図 10.1.1 を一見すると，周期とひもの長さの関係は直線で近似できるのではないかと考えられます．このような問題を最初に考えたのは有名なガウス (C.F. Gauss) だといわれています．ガウスは，図 10.1.2 のように，これらのデータに単回帰式と呼ばれる次のような式を当てはめることを考えました．

$$y_i = \alpha + \beta x_i + \varepsilon_i \tag{10.1.1}$$

ここで，α は直線の切片，β は直線の傾きです．また，ε は残差と呼ばれま

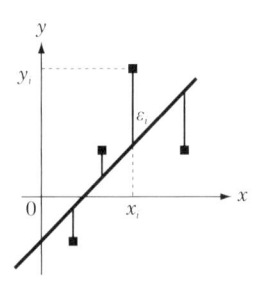

図 10.1.2 単回帰モデル

す．ガウスは n 個のデータから，残差平方和

$$Q = \sum_{i=1}^{n} \varepsilon_i^2 \tag{10.1.2}$$

が最小になるような切片 α と傾き β を推定する方法を考え，それを最小2乗法と名付けました．具体的には，まず，式(10.1.2)を次式のように変形します．

$$Q = \sum_{i=1}^{n} \left[y_i - (\alpha + \beta x_i) \right]^2 \tag{10.1.3}$$

残差平方和を最小にする α と β を求めるためには，これを α と β でそれぞれ偏微分してゼロとおいた次の連立方程式を解けばよいというのが最小2乗法です．

$$\begin{cases} \sum_{i=1}^{n} 2\left[y_i - (\alpha + \beta x_i) \right](-1) = 0 \\ \sum_{i=1}^{n} 2\left[y_i - (\alpha + \beta x_i) \right](-x_i) = 0 \end{cases} \tag{10.1.4}$$

上式を整理すると次のような連立方程式が求まります．

$$\begin{cases} \alpha n + \beta \sum_{i=1}^{n} x_i = \sum_{i=1}^{n} y_i \\ \alpha \sum_{i=1}^{n} x_i + \beta \sum_{i=1}^{n} x_i^2 = \sum_{i=1}^{n} x_i y_i \end{cases} \tag{10.1.5}$$

上式の連立方程式は回帰分析の基本的な方程式であり，正規方程式（normal equations）とも呼ばれます．これを解いて，切片 α と傾き β は，それぞれ次のように推定されます．

10.1 単回帰分析

$$\begin{cases} \hat{\alpha} = \bar{y} - \hat{\beta}\bar{x} \\ \hat{\beta} = \dfrac{S_{xy}}{S_{xx}} \end{cases} \quad (10.1.6)$$

ここで，S_{xx} と S_{xy} は，それぞれ次のように，偏差平方和及び偏差積和を表しています．

$$S_{xx} = \sum_{i=1}^{n} x_i^2 - \frac{\left(\sum_{i=1}^{n} x_i\right)^2}{n} \quad (10.1.7)$$

$$S_{xy} = \sum_{i=1}^{n} x_i y_i - \frac{\left(\sum_{i=1}^{n} x_i\right)\left(\sum_{i=1}^{n} y_i\right)}{n} \quad (10.1.8)$$

表 10.1.1 のデータについて傾きと切片を求めるとそれぞれ次のように推定できます．

$$\hat{\beta} = \frac{38.90}{2\,800} = 0.013\,9 \quad (10.1.9)$$

$$\hat{\alpha} = 1.768\,6 - 0.013\,9 \times 80 = 0.656\,6 \quad (10.1.10)$$

この直線を図 10.1.1 に記入すると図 10.1.3 のようになり，よく当てはまっていることがわかります．

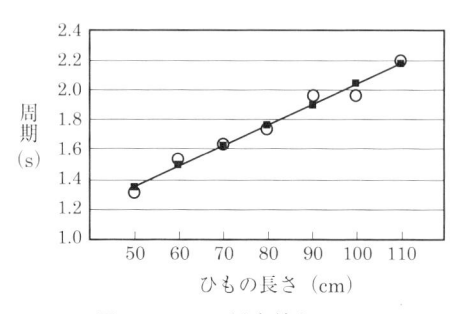

図 **10.1.3** 回帰直線とデータ

10.2 原点を通る回帰直線

振子のひもの長さと周期の関係は，理論的にはひもの長さがゼロのときは周期もゼロと考えられますから，原点を通る直線を当てはめることもできそうです．このときは，次のような回帰式を考えます．

$$y_i = \beta x_i + \varepsilon_i \tag{10.2.1}$$

上式の回帰式に対して最小2乗法を使って傾き β を推定します．推定式は次のように求められます．

$$\hat{\beta} = \frac{\sum_{i=1}^{n} x_i y_i}{\sum_{i=1}^{n} x_i^2} \tag{10.2.2}$$

表 10.1.1 のデータから傾きを推定すると次のようになります．

$$\hat{\beta} = \frac{1\,029.3}{47\,600} = 0.021\,6 \tag{10.2.3}$$

上式の直線を図 10.1.3 に追加して記入すると図 10.2.1 のようになります．

図 10.2.1 からもわかるように，原点を通る回帰直線は必ずしもデータに当てはまっているとはいえません．このように，理論的に原点を通ることがわかっていても，むやみに原点を通る直線を当てはめることは避けなければなりません．

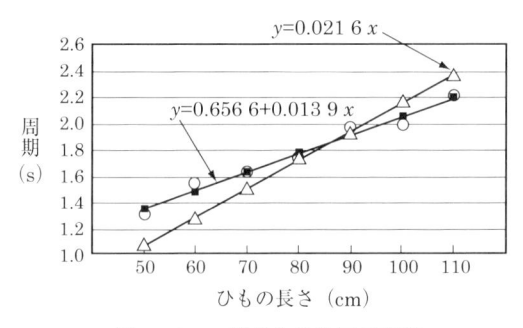

図 10.2.1　原点を通る回帰直線

10.3　関数の当てはめ

さて，我々は既に振子の周期はひもの長さの平方根に比例することを知っています．この知識を使って，次のような平方根関数を当てはめることを考えてみましょう．

$$y_i = \beta \sqrt{x_i} + \varepsilon_i \tag{10.3.1}$$

上式の場合，残差平方和は次のようになります．

$$Q = \sum \left(y_i - \beta \sqrt{x_i}\right)^2 \tag{10.3.2}$$

残差平方和を最小にする係数 β を求めるには，偏微分を使わなくても平方完成という方法で求めることもできます．まず，次のように残差平方和を β について平方完成します．

$$Q = \sum_{i=1}^{n} x_i \left[\left(\beta - \frac{\sum_{i=1}^{n} \sqrt{x_i}\, y_i}{\sum_{i=1}^{n} x_i}\right)^2 + \frac{\sum_{i=1}^{n} y_i^2}{\sum_{i=1}^{n} x_i} - \left(\frac{\sum_{i=1}^{n} \sqrt{x_i}\, y_i}{\sum_{i=1}^{n} x_i}\right)^2\right] \tag{10.3.3}$$

そうすると，残差平方和を最小にするのは，

$$\hat{\beta} = \frac{\sum_{i=1}^{n} \sqrt{x_i}\, y_i}{\sum_{i=1}^{n} x_i} \tag{10.3.4}$$

であることがわかります．

ここで，表 10.3.1 のデータから表 10.3.1 のような計算表を作成し，β を次のように推定します．

$$\hat{\beta} = \frac{112.043\,9}{560} = 0.200\,078 \tag{10.3.5}$$

これから，$\hat{y}_i$ は表 10.3.1 のように推定できます．これをプロットすると図 10.3.1 が得られます．データとよい一致を示していることがわかります．

表 10.3.1 回帰係数と予測値の計算表

No.	長さ (cm) x_i	周期 (s) y_i	$\sqrt{x_i}$	$\sqrt{x_i}\,y_i$	$\hat{y}_i$
1	50	1.31	7.071 1	9.263 1	1.41
2	60	1.54	7.746 0	11.928 8	1.55
3	70	1.64	8.366 6	13.721 2	1.67
4	80	1.74	8.944 3	15.563 0	1.79
5	90	1.97	9.486 8	18.689 1	1.90
6	100	1.97	10.000 0	19.700 0	2.00
7	110	2.21	10.488 1	23.178 7	2.10
合計	560	12.38	62.102 8	112.043 9	

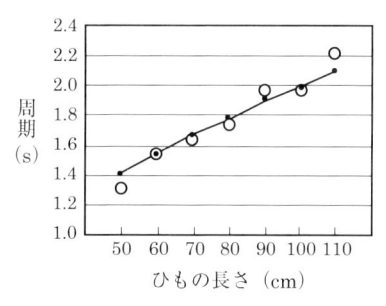

図 10.3.1 平方根関数の当てはめ

10.4 各水準で繰返しがある場合の解析

振子の周期の実験において，表10.4.1のように同じひもの長さで n（＝5）回繰り返して周期が測定されたとします．グラフを図10.4.1に示します．これを一元配置実験のデータとみなせば一元配置の分散分析を行うことができます．しかし，ひもの長さと周期の関係を回帰分析することも考えられます．このような場合は，両者を組み合わせて解析します．

いま，第 i 水準の繰返し j 番目のデータを y_{ij} で表します．まず，一元配置実験のデータとみなして分散分析を行うと表10.4.2のような分散分析表が得られます．

回帰分析の立場からは，次のようなデータの構造を考えることになります．

10.4 各水準で繰返しがある場合の解析

表 10.4.1 繰返しのあるデータ

長さ (cm)	周期 (s)				
50	1.31	1.34	1.31	1.37	1.32
60	1.54	1.44	1.40	1.45	1.55
70	1.64	1.75	1.62	1.67	1.58
80	1.74	1.90	1.77	1.75	1.83
90	1.97	1.94	2.01	2.00	1.84
100	1.97	2.09	2.00	1.94	2.01
110	2.21	2.12	2.16	2.13	2.16

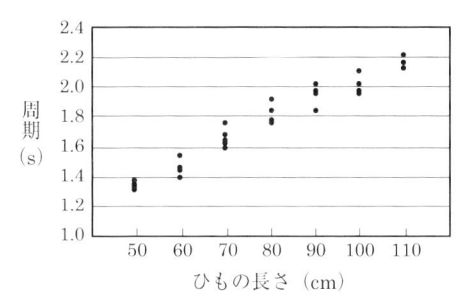

図 10.4.1 データのグラフ

表 10.4.2 一元配置実験としての分散分析表

要因	平方和	自由度	平均平方	F比	検定	寄与率	5%点	1%点
A	2.653	6	0.442	137.016	**	0.96	2.45	3.53
E	0.090	28	0.003					
T	2.743	34						

$$y_{ij} = (\alpha + \beta\bar{x}_.) + \beta(x_i - \bar{x}_.) + \varepsilon_{ij} \tag{10.4.1}$$

ここで，右辺の第1項は総平均，第2項は回帰関係による影響，第3項は誤差を表します．

最小2乗法を用いて回帰直線の傾きと切片をそれぞれ次のように推定します．

$$\hat{\beta} = \frac{S_{xy}}{S_{xx}} \tag{10.4.2}$$

$$\hat{\alpha} = \bar{\bar{y}}_. - \hat{\beta}\bar{x}_. \tag{10.4.3}$$

ここで,水準の数を a,繰返しを n とすれば,目的変数 y と説明変数 x の平均はそれぞれ次のようになります.

$$\bar{\bar{y}} = \frac{\sum_{i=1}^{a}\sum_{j=1}^{n} y_{ij}}{an} \tag{10.4.4}$$

$$\bar{x} = \frac{\sum_{i=1}^{a} x_i}{a} \tag{10.4.5}$$

また,偏差平方和 S_{xx} と偏差積和 S_{xy} は繰返しを考慮してそれぞれ次のように計算します.

$$S_{xx} = n\left[\sum_{i=1}^{a} x_i^2 - \frac{\left(\sum_{i=1}^{a} x_i\right)^2}{a}\right] \tag{10.4.6}$$

$$S_{xy} = \sum_{i=1}^{a} x_i \sum_{j=1}^{n} y_{ij} - \frac{\left(\sum_{i=1}^{a} x_i\right)\left(\sum_{i=1}^{a}\sum_{j=1}^{n} y_{ij}\right)}{a} \tag{10.4.7}$$

実際に推定する場合は,表 10.4.3 のような計算表を作成するとわかりやすいでしょう.まず,目的変数と説明変数の平均はそれぞれ次のようになります.

表 10.4.3 データと計算表

No.	長さ (cm) x_i	周期 (s) y_{ij}					$\sum_{j=1}^{5} y_{ij}$	$x_i \sum_{j=1}^{5} y_{ij}$	x_i^2
1	50	1.31	1.34	1.31	1.37	1.32	6.65	332.5	2 500
2	60	1.54	1.44	1.40	1.45	1.55	7.38	442.8	3 600
3	70	1.64	1.75	1.62	1.67	1.58	8.26	578.2	4 900
4	80	1.74	1.90	1.77	1.75	1.83	8.99	719.2	6 400
5	90	1.97	1.94	2.01	2.00	1.84	9.76	878.4	8 100
6	100	1.97	2.09	2.00	1.94	2.01	10.01	1 001.0	10 000
7	110	2.21	2.12	2.16	2.13	2.16	10.78	1 185.8	12 100
合計	560						61.83	5 137.90	47 600

10.4 各水準で繰返しがある場合の解析

$$\bar{\bar{y}} = \frac{61.83}{35} = 1.7666 \tag{10.4.8}$$

$$\bar{x} = \frac{560}{7} = 80.0 \tag{10.4.9}$$

説明変数の偏差平方和と，説明変数と目的変数の偏差積和は，それぞれ次のように求められます．

$$S_{xx} = 5 \times \left(47\,600 - \frac{560^2}{7}\right) = 14\,000 \tag{10.4.10}$$

$$S_{xy} = 5\,137.9 - \frac{560 \times 61.83}{7} = 191.5 \tag{10.4.11}$$

したがって，傾きと切片はそれぞれ次のように推定できます．

$$\hat{\beta} = \frac{191.5}{14\,000} = 0.013\,68 \tag{10.4.12}$$

$$\hat{\alpha} = 1.7666 - 0.013\,68 \times 80.0 = 0.6722 \tag{10.4.13}$$

さて，式(10.4.1)の右辺の第2項は回帰関係による影響を表していることは先に述べました．ここで，$\hat{\beta}(x_i - \bar{x})$ を行列で表すと次のようになります．

$$\begin{pmatrix} -0.4104 & -0.4104 & -0.4104 & -0.4104 & -0.4104 \\ -0.2736 & -0.2736 & -0.2736 & -0.2736 & -0.2736 \\ -0.1368 & -0.1368 & -0.1368 & -0.1368 & -0.1368 \\ 0.0000 & 0.0000 & 0.0000 & 0.0000 & 0.0000 \\ 0.1368 & 0.1368 & 0.1368 & 0.1368 & 0.1368 \\ 0.2736 & 0.2736 & 0.2736 & 0.2736 & 0.2736 \\ 0.4104 & 0.4104 & 0.4104 & 0.4104 & 0.4104 \end{pmatrix}$$

$$\tag{10.4.14}$$

この行列の要素の合計はゼロですから，要素の2乗和は回帰による影響を表す平方和ということになります．計算すると 2.620 となります．ここで，式(10.4.1)の構造式について総平方和 $S_T = \sum_{i=1}^{7} \sum_{j=1}^{5} (y_{ij} - \bar{\bar{y}})^2$ の分解を行うと，第2項について，

$$\sum_{i=1}^{7}\hat{\beta}^2(x_i-\bar{x}_i)^2 = \left(\frac{S_{xy}}{S_{xx}}\right)^2 S_{xx} = \frac{S_{xy}^{\ 2}}{S_{xx}} \tag{10.4.15}$$

が成り立つことがわかります．これを回帰による平方和 S_R と呼びます．データから次のように計算できます．

$$S_R = \frac{191.5^2}{14\,000} = 2.619\,4 \tag{10.4.16}$$

回帰によって説明できない分は，回帰からの平方和 S_{res} として，分散分析表の S_A と回帰による平方和 S_R から次のように求められます．添字の "res" は residual の意味で "残差" といいます．

$$S_{res} = S_A - S_R = 2.653 - 2.619\,4 = 0.034 \tag{10.4.17}$$

これらの結果をまとめて，表 10.4.4 のような分散分析表に表すことができます．

表 10.4.4　分散分析表

要因	平方和	自由度	平均平方	F比	検定	寄与率	5%点	1%点
A	2.653	6	0.442	137.016	**	0.96	2.45	3.53
回帰による S_R	2.619	1	2.619					
回帰から S_{res}	0.034	5	0.007	2.081			2.56	3.75
E	0.090	28	0.003					
合計	2.743	34						

回帰からの変動（ばらつき）は有意となりませんでした．しかし，F 比は 5%点の 2.56 に近い値となっています．回帰からの変動は高次の回帰の存在を表していますから，直線では説明しきれない高次の回帰があることを示唆しているとも考えられます．ここでは，とりあえず，これを誤差にプールして，表 10.4.5 のような分散分析表を作成することができます．

表 10.4.5　プーリング後の分散分析表

要因	平方和	自由度	平均平方	F比	検定	寄与率	5%点	1%点
回帰による S_R	2.619	1	2.619	697.436	**	0.95	4.14	7.47
誤差 E'	0.124	33	0.004					
合計	2.743	34						

11章

2水準直交表実験

11.1 2水準直交表

　実験に取り上げた要因の水準のすべての組合せについて実験を行う場合に,その実験を完備型といいます.完備型実験では,実験の回数は要因の水準の積になりますから,例えば,すべて2水準の要因を5個取り上げた場合でも32回,10個だと$2^{10}=1\,024$回となり,ほとんど実施不可能になってしまいます.したがって,実験の回数を減らして,技術的に必要な情報だけを抽出することはできないだろうかと考えます.実験によって得られる技術的な情報とは,例えば2水準の要因を5個取り上げた場合では,主効果が5個,2因子交互作用が10個,3因子交互作用10個,4因子交互作用5個,5因子交互作用が1個ということになります.一般に,3因子以上の交互作用をまとめて高次の交互作用といいます.また,このような高次の交互作用は経験的にそれほど大きくないことと,もし存在したとしても解釈が難しいことから,無視せざるを得ません.そうすると,高次交互作用を無視して誤差に含めて考えることにし,必要な主効果と2因子交互作用が定量的に評価できれば,実験回数が減らせるのではないかと考えられます.

　例えば,2つの要因AとBがともに2水準であるとき,繰返し2回の二元配置実験を行うとします.そうすると,要因Aの第i水準,要因Bの第j水準の組合せにおいて行われた第k番目の実験により得られたデータは次のように表すことができます.

$$x_{ijk} = \mu + \alpha_i + \beta_j + (\alpha\beta)_{ij} + \varepsilon_{ijk} \tag{11.1.1}$$

ここで重要なことは，各項の添字がすべて異なっているので，これらを8回の実験により得られたデータから別々に推定できるということです．そこで，繰返しがなかったとすればデータは，

$$x_{ij} = \mu + \alpha_i + \beta_j + (\alpha\beta)_{ij} + \varepsilon_{ij} \tag{11.1.2}$$

と表され，交互作用と誤差の添字が一致します．このことは，交互作用と誤差を分離して推定することができないことを示しています．このような場合に，交互作用と誤差は交絡（confound）しているといいます．このとき，交互作用がなければ，又は存在したとしても無視できて誤差にプールすることができれば，実験の回数は4回と半分で済むことがわかります．

このように，交互作用が存在したとしても無視できると考えられる場合に，それを積極的に他の要因効果や誤差に交絡させることにより実験の回数を減らすことができます．そのために考案されたのが，直交表と呼ばれるものです．いま，式(11.1.2)で交互作用が無視できるとし，添字 $i,j = 1, 2$ について書き下せば次のようになります．

$$\left. \begin{aligned} x_{11} &= \mu + \alpha_1 + \beta_1 + \varepsilon_{11} \\ x_{12} &= \mu + \alpha_1 + \beta_2 + \varepsilon_{12} \\ x_{21} &= \mu + \alpha_2 + \beta_1 + \varepsilon_{21} \\ x_{22} &= \mu + \alpha_2 + \beta_2 + \varepsilon_{22} \end{aligned} \right\} \tag{11.1.3}$$

ここで，$\alpha_1 = -\alpha_2 = \alpha$，$\beta_1 = -\beta_2 = \beta$ として，誤差を無視すれば，次のように書き直すことができます．

$$\left. \begin{aligned} x_{11} &= \mu + \alpha + \beta \\ x_{12} &= \mu + \alpha - \beta \\ x_{21} &= \mu - \alpha + \beta \\ x_{22} &= \mu - \alpha - \beta \end{aligned} \right\} \tag{11.1.4}$$

ここで，各項の係数を表 11.1.1 のように表すことができます．

表 11.1.1 で，例えば，α と β に対応する列については，$(+1)\times(+1)+(+1)\times(-1)+(-1)\times(+1)+(-1)\times(-1)=0$ となることがわかります．同様に，μ,

11.1　2水準直交表

表 11.1.1　係　数　表

	μ	α	β	α	β
x_{11}	+1	+1	+1	1	1
x_{12}	+1	+1	−1	1	2
x_{21}	+1	−1	+1	2	1
x_{22}	+1	−1	−1	2	2

α, βに対応するいずれの2列についても，それに含まれる値の積和（内積）がゼロになります．このような性質を2つの列が"直交している"といいます．実際には，実験の水準の番号に対応付けて+1を第1水準，−1を第2水準として，同表の右側のように表します．

直交表 $L_8(2^7)$ は，8行7列の表 11.1.2 のように表されます．行番号は実験の番号に対応し，列番号は実験に取り上げた要因に対応付けられます．この対応付けを"実験の割付け"又は"因子の割付け"と呼びます．例えば，要因Aを第1列に，要因Bを第2列に対応付けることを，要因AとBをそれぞれ第1列及び第2列に割り付けるといいます．このとき，行番号1の実験は A_1B_1 水準で実験することになります．また，行番号3の実験は A_1B_2 水準で実験することになります．

表 11.1.2　直交表 $L_8(2^7)$

		列　番　号						
		1	2	3	4	5	6	7
行番号	1	1	1	1	1	1	1	1
	2	1	1	1	2	2	2	2
	3	1	2	2	1	1	2	2
	4	1	2	2	2	2	1	1
	5	2	1	2	1	2	1	2
	6	2	1	2	2	1	2	1
	7	2	2	1	1	2	2	1
	8	2	2	1	2	1	1	2
成分記号		a	b	a b	c	a c	b c	a b c
群		1	2			3		

成分記号の英小文字は，交互作用を求めるのに使います．例えば，第 1 列 (a) と第 2 列 (b) の交互作用は成分記号の英小文字を掛け合わせて ab となりますから，第 3 列に対応することがわかります．したがって，交互作用 A×B があると考えられるときは，第 3 列には他の要因を割り付けずに空けておきます．もし，他の要因を割り付けたとすると，その要因と A×B の交互作用は交絡してしまいます．第 1 列と第 7 列の交互作用は $a \times abc = a^2 bc$ となり

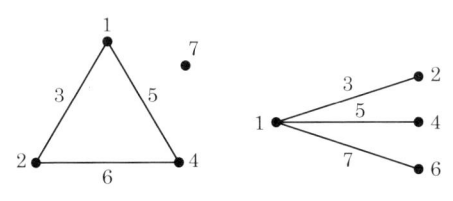

図 11.1.1 直交表 $L_8(2^7)$ の線点図

表 11.1.3 直交表 $L_{16}(2^{15})$

	1	2	3	4	5	6	7	8	9	10	11	12	13	14	15
1	1	1	1	1	1	1	1	1	1	1	1	1	1	1	1
2	1	1	1	1	1	1	1	2	2	2	2	2	2	2	2
3	1	1	1	2	2	2	2	1	1	1	1	2	2	2	2
4	1	1	1	2	2	2	2	2	2	2	2	1	1	1	1
5	1	2	2	1	1	2	2	1	1	2	2	1	1	2	2
6	1	2	2	1	1	2	2	2	2	1	1	2	2	1	1
7	1	2	2	2	2	1	1	1	1	2	2	2	2	1	1
8	1	2	2	2	2	1	1	2	2	1	1	1	1	2	2
9	2	1	2	1	2	1	2	1	2	1	2	1	2	1	2
10	2	1	2	1	2	1	2	2	1	2	1	2	1	2	1
11	2	1	2	2	1	2	1	1	2	1	2	2	1	2	1
12	2	1	2	2	1	2	1	2	1	2	1	1	2	1	2
13	2	2	1	1	2	2	1	1	2	2	1	1	2	2	1
14	2	2	1	1	2	2	1	2	1	1	2	2	1	1	2
15	2	2	1	2	1	1	2	1	2	2	1	2	1	1	2
16	2	2	1	2	1	1	2	2	1	1	2	1	2	2	1
成分表示	a	b	a b	c	a c	b c	a b c	d	a d	b d	a b d	c d	a c d	b c d	a b c d
群	1	2	3					4							

ますが，$a^2=1$ とみなして bc と計算します．つまり，第 6 列に交互作用が現れることになります．群は，分割型実験を割り付けるのに用います．

直交表は"線点図"と呼ばれる図形で表すこともできます．これは，直交表の列に対応する線と点からなる図形で，2 つの点を結ぶ線は交互作用に対応します．例えば，直交表 $L_8(2^7)$ に対応する線点図として図 11.1.1 のような線点図が知られています．数字は直交表の列番号に対応しています．直交表 $L_8(2^7)$ より大きい直交表には，表 11.1.3 に示す $L_{16}(2^{15})$ 及びもう一回り大きい $L_{32}(2^{31})$ などがあります．

11.2　2 水準直交表実験の分散分析

ここでは，直交表 $L_8(2^7)$ を使った実験データの分散分析を行います．ある部品の強度不足が問題となったので，影響を与えると考えられる，原料の種類 A，添加剤の種類 B，添加剤の量 C 及び成型温度 D を取り上げ，水準を次のように設定して実験することにしました．

　　要因 A（原料の種類）　　A_1：現行，A_2：新原料
　　要因 B（添加剤の種類）　B_1：現行，B_2：新添加剤
　　要因 C（添加剤の量）　　C_1：現行，C_2：5％増量
　　要因 D（成型温度）　　　D_1：現行，D_2：5℃アップ

また，交互作用として A×B 及び A×C の 2 つが考えられました．

因子が 4 つに交互作用が 2 つで合計 6 つですから，7 列の直交表 $L_8(2^7)$ への割付けを考えてみます．まず，因子 A と B をそれぞれ第 1 列及び第 2 列に割り付けます．そうすると，自動的に交互作用 A×B は第 3 列に現れることになります．次に，因子 C を第 4 列に割り付けます．そうすると，交互作用 A×C は第 5 列に現れます．因子 D は，残った第 6 列か第 7 列に割り付けることになりますが，第 6 列は B×C の交互作用に対応することを考慮して割付けを避けて，第 7 列に割り付けることにしました．何も割り付けなかった第 6 列は誤差（E）に対応することになります．得られたデータを指数化して表

11.2.1 に示します．

平方和を計算するためには，表 11.2.2 のように第 1 水準と第 2 水準に分けたデータの集計表を作成すると便利です．

（水準計の差）^{2}/8 で平方和が求められます．例えば，要因 A の平方和 S_A について考えると，T_{A_1} と T_{A_2} をそれぞれ第 1 水準及び第 2 水準の計とすれば，

表 11.2.1　$L_8(2^7)$ のデータ

		列番号						
		1	2	3	4	5	6	7	データ
行番号	1	1	1	1	1	1	1	1	2
	2	1	1	1	2	2	2	2	5
	3	1	2	2	1	1	2	2	7
	4	1	2	2	2	2	1	1	8
	5	2	1	2	1	2	1	2	10
	6	2	1	2	2	1	2	1	2
	7	2	2	1	1	2	2	1	13
	8	2	2	1	2	1	1	2	10
成分記号		a	b	a b	c	a c	b c	a b c	
群		1	2	3					
割付け		A	B	A×B	C	A×C	E	D	

表 11.2.2　2 水準直交表に割り付けた要因の平方和の計算

列番号	1		2		3		4		5		6		7	
割付け	A		B		A×B		C		A×C		E		D	
水準	1	2	1	2	1	2	1	2	1	2	1	2	1	2
データ	2	10	2	7	2	7	2	5	2	5	2	5	2	5
	5	2	5	8	5	8	7	8	7	8	8	7	8	7
	7	13	10	13	13	10	10	2	2	10	10	2	2	10
	8	10	2	10	10	2	13	10	10	13	10	13	13	10
水準計	22	35	19	38	30	27	32	25	21	36	30	27	25	32
水準計の差	−13		−19		3		7		−15		3		−7	
（水準計の差）^{2}	169		361		9		49		225		9		49	
（水準計の差）^{2}/8	21.13		45.13		1.13		6.13		28.13		1.13		6.13	

11.2 2水準直交表実験の分散分析

$$S_A = \frac{T_{A_1}^2 + T_{A_2}^2}{4} - CT = \frac{T_{A_1}^2 + T_{A_2}^2}{4} - \frac{(T_{A_1} + T_{A_2})^2}{8} = \frac{(T_{A_1} - T_{A_2})^2}{8}$$

(11.2.1)

となるからです．

これより，表 11.2.3 のように分散分析表が作成できます．

表 11.2.3　分散分析表

要因	平方和	自由度	平均平方	F比	5%点	1%点
A	21.13	1	21.13	18.78		
B	45.13	1	45.13	40.11		
C	6.13	1	6.13	5.44		
D	6.13	1	6.13	5.44		
A×B	1.13	1	1.13	1.00		
A×C	28.13	1	28.13	25.00		
E	1.13	1	1.13			
合計	108.88	7				

交互作用 A×B の F 比が小さいので，これを誤差にプーリングして分散分析表を作成し直すと表 11.2.4 のような分散分析表が得られます．プーリングする前の誤差と区別するためにプーリングした誤差は E′ と表しています．

表 11.2.4　プーリングした分散分析表

要因	平方和	自由度	平均平方	F比	検定	5%点	1%点	寄与率
A	21.13	1	21.13	18.78	∗	18.5	98.5	0.184
B	45.13	1	45.13	40.11	∗	18.5	98.5	0.404
C	6.13	1	6.13	5.44		18.5	98.5	0.046
D	6.13	1	6.13	5.44		18.5	98.5	0.046
A×C	28.13	1	28.13	25.00	∗	18.5	98.5	0.248
E′	2.25	2	1.13					0.072
合計	108.88	7						1.000

ここで，表 11.2.5 のように要因 D については技術的にもそれほど大きい影響はないと判断してさらに誤差にプールすることにします．ただし，要因 C は交互作用 A×C が有意であり寄与率も高いのでプールすることはできません．このように，交互作用が有意の場合には，それを構成している要因の主効果を誤差にプールしてはいけないことに注意します．こうして再度作成した表

表 11.2.5 再度プーリングした分散分析表

要因	平方和	自由度	平均平方	F比	検定	5%点	1%点	寄与率
A	21.13	1	21.13	7.57		10.1	34.1	0.168
B	45.13	1	45.13	16.16	*	10.1	34.1	0.389
C	6.13	1	6.13	2.19		10.1	34.1	0.031
A×C	28.13	1	28.13	10.07	*	10.1	34.1	0.233
E″	8.38	3	2.79					0.179
合計	108.88	7						1.000

11.2.5 から，要因 A が有意でなくなりましたが，寄与率が 17% 程度あることと交互作用 A×C が有意なので，このまま残しておきます．したがって，データの構造式を次のように考えることになります．

$$y_{ijk} = \mu + \alpha_i + \beta_j + \gamma_k + (\alpha\gamma)_{ik} + \varepsilon_{ijk} \tag{11.2.2}$$

上式の構造式にもとづいて，強度が最も大きい水準の組合せは $A_2B_2C_1$ ですから，この水準組合せにおける母平均は次のように推定できます．

$$\hat{\mu}(A_2B_2C_1) = \overline{\mu + \alpha_2 + \beta_2 + \gamma_1 + (\alpha\gamma)_{21}} = \overline{\mu + \beta_2} + \overline{\mu + \alpha_2 + \gamma_1 + (\alpha\gamma)_{21}} - \hat{\mu}$$

$$= \frac{7+8+13+10}{4} + \frac{10+13}{2} - \frac{2+5+7+8+10+2+13+10}{8}$$

$$= \frac{76+92-57}{8} = 13.875 \tag{11.2.3}$$

有効反復数は，

$$\frac{1}{n_e} = \frac{1}{4} + \frac{1}{2} - \frac{1}{8} = \frac{5}{8}, \quad \text{又は，} \quad n_e = \frac{8}{1+1+1+1+1} = \frac{8}{5}$$

と求められます．したがって，$A_2B_2C_1$ の水準組合せのもとでの母平均の 95% 信頼幅は，

$$\pm t(3, 0.025)\sqrt{2.7 \times \frac{5}{8}} = \pm 3.182 \times 1.299 = \pm 4.962 \tag{11.2.4}$$

となるので，信頼限界は下限が $13.875 - 4.962 = 8.913$，上限が $13.875 + 4.962 = 18.837$ となります．

11.3 多水準作成法

実験に取り上げる要因によっては2水準では少なく,3水準や4水準で実験を行いたい場合があります.2水準直交表に4水準の因子を割り付ける方法は多水準作成法と呼ばれ,直交表の性質を利用することにより簡単に割り付けることができます.また,3水準の要因を割り付ける場合は,まず多水準作成法で4水準を割り付けたものとして,そのうちの2水準を同じ水準とすることにより,見かけ上3水準の因子を割り付けることができます.この方法を擬水準法と呼びます.

ここでは,まず,多水準作成法について説明します.いま,4水準の因子Aを考えると,その自由度は3です.2水準直交表の各列の自由度は1ですから,因子Aを割り付けるには3列が必要になります.この3列は,同じ要因の水準を割り付けるのですから,どの3列でもよいわけではなく,互いに交互作用の関係にある3列でなければなりません.例えば,表11.3.1の直交表 $L_8(2^7)$ に割り付けるには,第1, 2, 3列を使って,第1列と第2列の水準の組合せを (1)(1)→(1), (1)(2)→(2), (2)(1)→(3), (2)(2)→(4) と対応させ

表 11.3.1 直交表 $L_8(2^7)$

		列 番 号					
		1	2	3	4	5	6	7
行番号	1	1	1	1	1	1	1	1
	2	1	1	1	2	2	2	2
	3	1	2	2	1	1	2	2
	4	1	2	2	2	2	1	1
	5	2	1	2	1	2	1	2
	6	2	1	2	2	1	2	1
	7	2	2	1	1	2	2	1
	8	2	2	1	2	1	1	2
成分		a	b	a b	c	a c	b c	a b c
群		1	2	3				

表 11.3.2 直交表 $L_8(2^7)$ への4水準因子の割付け

	1	2	3	4	5	6	7
1	1			1	1	1	1
2	1			2	2	2	2
3	2			1	1	2	2
4	2			2	2	1	1
5	3			1	2	1	2
6	3			2	1	2	1
7	4			1	2	2	1
8	4			2	1	1	2
成分	a	b	a b	c	a c	b c	a b c
割付け	A'	A''	A'''				
	A						

ます.そうすると,表11.3.2のように4水準の因子Aを割り付けることができます.

さらに,因子Bを第4列に割り付ければ表11.3.3のようになります.このとき,行番号1の実験は,A_1B_1水準の組合せで,行番号5の実験は,A_3B_1水準の組合せで実験をすることになります.また,4水準の因子Aが他の因子と交互作用がなければ,第5, 6, 7列に他の因子を割り付けることができます.しかし,例えば,AとBに交互作用があると,交互作用A×Bの自由度は3であり,表11.3.4に示すように第5, 6, 7列に交互作用が現れることになります.

表11.3.5のような割付けで実験を行ってデータが得られたとします.このとき,各列の平方和の求め方はこれまでと同様に表11.3.6のように計算することができます.そうして,因子Aの平方和を,第1列,2列,3列の平方和の和として次のように求めます.

$$S_A = S_{A'} + S_{A''} + S_{A'''} = 21.13 + 45.13 + 1.13 = 67.39 \quad (11.3.1)$$

また,交互作用についても,第5列,6列,7列の平方和の和として次式で求めます.

表11.3.3 4水準の因子Aと2水準の因子Bの割付け

	1	2	3	4	5	6	7
1	1		1	1	1	1	1
2	1		2	2	2	2	2
3		2	1	1	2	2	2
4		2	2	2	1	1	1
5		3	1	2	1	2	2
6		3	2	1	2	1	1
7		4	1	2	2	1	2
8		4	2	1	1	2	1
成分	a	b	a b	c	a c	b c	a b c
割付け	A'	A''	A'''	B			
	A						

11.3 多水準作成法

$$S_{A \times B} = S_{A' \times B} + S_{A'' \times B} + S_{A''' \times B} = 28.13 + 1.13 + 6.13 = 35.39 \quad (11.3.2)$$

因子 B の平方和は，$S_B = 6.13$ ですから，分散分析表を作成すると表 11.3.7 のようになります．この場合は，すべての列に要因が割り付けられているので誤差に相当する列はありません．

いま，4 水準の因子 A と 2 水準の因子 B, C, D を取り上げ，さらに交互作用

表 11.3.4　4 水準の因子 A と 2 水準の因子 B との交互作用の現れる列

	1	2	3	4	5	6	7
1		1		1	1	1	1
2		1		2	2	2	2
3		2		1	1	2	2
4		2		2	2	1	1
5		3		1	2	1	2
6		3		2	1	2	1
7		4		1	2	2	1
8		4		2	1	1	2
成分	a	b	a b	c	a c	b c	a b c
割付け	A'	A''	A'''	B	A'×B	A''×B	A'''×B
	A				A×B		

表 11.3.5　割付けとデータ

	1	2	3	4	5	6	7	データ
1		1		1	1	1	1	2
2		1		2	2	2	2	5
3		2		1	1	2	2	7
4		2		2	2	1	1	8
5		3		1	2	1	2	10
6		3		2	1	2	1	2
7		4		1	2	2	1	13
8		4		2	1	1	2	10
成分	a	b	a b	c	a c	b c	a b c	
割付け	A'	A''	A'''	B	A'×B	A''×B	A'''×B	
	A				A×B			

表 11.3.6 4水準因子とその交互作用の平方和の求め方

列番号	1		2		3		4		5		6		7	
割付け	A						B		A×B					
	A′		A″		A‴				A′×B		A″×B		A‴×B	
水準	1	2	1	2	1	2	1	2	1	2	1	2	1	2
データ	2	10	2	7	2	7	2	5	2	5	2	5	2	5
	5	2	5	8	5	8	7	8	7	8	8	7	8	7
	7	13	10	13	13	10	10	2	2	10	10	2	2	10
	8	10	2	10	10	2	13	10	10	13	10	13	13	10
水準計	22	35	19	38	30	27	32	25	21	36	30	27	25	32
水準計の差	−13		−19		3		7		−15		3		−7	
(水準計の差)^2	169		361		9		49		225		9		49	
(水準計の差)^2/8	21.13		45.13		1.13		6.13		28.13		1.13		6.13	

表 11.3.7 分散分析表

要因	平方和	自由度	平均平方
A	67.38	3	22.46
B	6.13	1	6.13
A×B	35.38	3	11.79
合計	108.88	7	

A×B,B×C,B×Dを考慮して表11.3.8のように因子を割り付けて実験を行いデータの欄に示した実験データが得られたものとします.このデータから分散分析表を作成します.

まず,各列の平方和を求めるための計算表を表11.3.9のように作成します.表11.3.8の割付けに対応して平方和を求めます.例えば,因子Aの平方和と因子Bとの交互作用平方和はそれぞれ次のように計算します.

$$S_A = 115.56 + 7.56 + 22.56 = 145.68 \tag{11.3.3}$$

$$S_{A \times B} = 0.06 + 0.06 + 5.06 = 5.18 \tag{11.3.4}$$

こうして,分散分析表を作成すると表11.3.10が得られます.

交互作用A×BとB×Cは無視できそうなので誤差にプールして表11.3.11のように,分散分析表を作り直します.

11.3 多水準作成法

表 11.3.8 4水準因子とその交互作用を考慮して割り付けた直交表とデータ

割付け番号	A' 1	A'' 2	A''' 3	B 4	A'×B 5	A''×B 6	A'''×B 7	C 8	E 9	D 10	E 11	B×C 12	E 13	B×D 14	E 15	データ
1	1	1	1	1	1	1	1	1	1	1	1	1	1	1	1	10
2	1	1	1	1	1	1	1	2	2	2	2	2	2	2	2	23
3	1	1	1	2	2	2	2	1	1	1	1	2	2	2	2	16
4	1	1	1	2	2	2	2	2	2	2	2	1	1	1	1	21
5	1	2	2	1	1	2	2	1	1	2	2	1	1	2	2	20
6	1	2	2	1	1	2	2	2	2	1	1	2	2	1	1	18
7	1	2	2	2	2	1	1	1	1	2	2	2	2	1	1	20
8	1	2	2	2	2	1	1	2	2	1	1	1	1	2	2	27
9	2	1	2	3	1	2	1	2	1	2	1	2	1	2	1	16
10	2	1	2	3	1	2	1	2	1	2	1	2	1	2	1	30
11	2	1	2	3	2	1	2	1	2	1	2	2	1	2	1	24
12	2	1	2	3	2	1	2	2	1	2	1	1	2	1	2	31
13	2	2	1	4	1	2	2	1	2	1	2	1	2	2	1	23
14	2	2	1	4	1	2	2	2	1	1	2	2	1	1	2	23
15	2	2	1	4	2	1	1	1	2	2	1	2	1	1	2	24
16	2	2	1	4	2	1	1	2	1	1	2	1	2	2	1	27

(表 11.3.9 は次ページ)

表 11.3.10 分散分析表

要因	平方和	自由度	平均平方	F 比
A	145.69	3	48.56	31.08
B	45.56	1	45.56	29.16
C	138.06	1	138.06	88.36
D	60.06	1	60.06	38.44
A×B	5.19	3	1.73	1.11
B×C	0.56	1	0.56	—
B×D	45.56	1	45.56	29.16
E	6.25	4	1.56	
合計	446.94	15		

(丸め誤差で手計算の結果と異なります.)

表11.3.9 計 算 表

割付け	A'		A''		A'''		B		A'×B	
列番号	1		2		3		4		5	
水準	1	2	1	2	1	2	1	2	1	2
データ	10	16	10	20	10	20	10	16	10	16
	23	30	23	18	23	18	23	21	23	21
	16	24	16	20	16	20	20	20	20	20
	21	31	21	27	21	27	18	27	18	27
	20	23	16	23	23	16	16	24	24	16
	18	23	30	23	23	30	30	31	31	30
	20	24	24	24	24	24	23	24	24	23
	27	27	31	27	27	31	23	27	27	23
水準計	155	198	171	182	167	186	163	190	177	176
T_1-T_2	−43		−11		−19		−27		1	
$(T_1-T_2)^2/16$	115.56		7.56		22.56		45.56		0.06	

割付け	A''×B		A'''×B		C		E		D	
列番号	6		7		8		9		10	
水準	1	2	1	2	1	2	1	2	1	2
データ	10	16	10	16	10	23	10	23	10	23
	23	21	23	21	16	21	16	21	16	21
	20	20	20	20	20	18	20	18	18	20
	27	18	27	18	20	27	20	27	27	20
	16	24	24	16	16	30	30	16	16	30
	30	31	31	30	24	31	31	24	24	31
	24	23	23	24	23	23	23	23	23	23
	27	23	23	27	24	27	27	24	27	24
水準計	177	176	181	172	153	200	177	176	161	192
T_1-T_2	1		9		−47		1		−31	
$(T_1-T_2)^2/16$	0.06		5.06		138.06		0.06		60.06	

割付け	E		B×C		E		B×D		E	
列番号	11		12		13		14		15	
水準	1	2	1	2	1	2	1	2	1	2
データ	10	23	10	23	10	23	10	23	10	23
	16	21	21	16	21	16	21	16	21	16
	18	20	20	18	20	18	18	20	18	20
	27	20	27	20	27	20	20	27	20	27
	30	16	16	30	30	16	16	30	30	16
	31	24	31	24	24	31	31	24	24	31
	23	23	23	23	23	23	23	23	23	23
	24	27	27	24	24	27	24	27	27	24
水準計	179	174	175	178	179	174	163	190	173	180
T_1-T_2	5		−3		5		−27		−7	
$(T_1-T_2)^2/16$	1.56		0.56		1.56		45.56		3.06	

表 11.3.11　プーリング後の分散分析表

要因	平方和	自由度	平均平方	F比	検定	5%点	1%点	寄与率
A	145.69	3	48.56	32.38	**	4.07	7.59	0.316
B	45.56	1	45.56	30.38	**	5.32	11.3	0.099
C	138.06	1	138.06	92.04	**	5.32	11.3	0.306
D	60.06	1	60.06	40.04	**	5.32	11.3	0.131
B×D	45.56	1	45.56	30.38	**	5.32	11.3	0.099
E'	12.00	8	1.50					0.050
合計	446.94	15						1.000

11.4　擬水準法

2水準の直交表に3水準の因子を割り付けるよう工夫された方法を擬水準法と呼びます．これは，まず，多水準作成法で4水準の因子を割り付けられるようにします．ついで，そのうちの一つの水準を重複させることにより見かけ上3水準の因子を割り付けたようにする方法です．例えば，多水準作成法で作成したX_1, X_2, X_3, X_4の4水準に対し，A_1, A_2, A_2, A_3水準を対応させて割り付ける方法です．このとき，重複させたA_2水準を擬水準と呼びます．擬水準では他の水準に比べて実験回数が倍になるので，母平均の推定精度が高くなることから，実験前に最適と考えられるような水準を擬水準に選ぶのが普通です．

いま，直交表$L_8(2^7)$に表11.4.1のように，1, 2, 3列を使って3水準の因子Aを擬水準法で割り付け，因子BとCをそれぞれ4列及び7列に割り付けてデータを得たとします．

この場合の分散分析は次のように行います．まず，通常の割付けを行ったと見なした表11.4.2から，各列の平方和を計算します（表11.4.3）．

まず，データの合計は

$$T = \sum_{i=1}^{8} x_i = 57 \tag{11.4.1}$$

となるので，修正項は次式のように求められます．

表 11.4.1 擬水準法の割付けとデータ

	1	2	3	4	5	6	7	データ
1	1		1	1	1	1	1	2
2	1		1	2	2	2	2	5
3		2	2	1	1	2	2	7
4		2	2	2	2	1	1	8
5		3	2	1	2	1	2	10
6		3	2	2	1	2	1	2
7		4	3	1	2	2	1	13
8		4	3	2	1	1	2	10
成分	a	a b	a b	a c	a c	b c	a b c	
割付け	X'	X''	X'''	A	B		C	
		X						

表 11.4.2 通常の割付け

	列番号							
	1	2	3	4	5	6	7	データ
1	1	1	1	1	1	1	1	2
2	1	1	1	2	2	2	2	5
行番号 3	1	2	2	1	1	2	2	7
4	1	2	2	2	2	1	1	8
5	2	1	2	1	2	1	2	10
6	2	1	2	2	1	2	1	2
7	2	2	1	1	2	2	1	13
8	2	2	1	2	1	1	2	10
成分	a	b	a b	a c	a c	b c	a b c	
群	1	2	3					

表 11.4.3 データの集計表

列番	1		2		3		4		5		6		7	
水準	1	2	1	2	1	2	1	2	1	2	1	2	1	2
(水準計)	22	35	19	38	30	27	32	25	21	36	30	27	25	32
(差)	−13		−19		3		7		−15		3		−7	
(差)^2	169		361		9		49		225		9		49	
(差)^2/8	21.125		45.125		1.125		6.125		28.125		1.125		6.125	

11.4 擬水準法

$$CT = \frac{T^2}{8} = 406.125 \tag{11.4.2}$$

因子Aの平方和は，平方和を求める一般式（繰返し数が等しくない場合の一元配置実験における平方和を求める式）で次のように求めます．

$$S_A = \frac{(2+5)^2}{2} + \frac{(7+8+10+2)^2}{4} + \frac{(13+10)^2}{2} - CT = 65.125 \tag{11.4.3}$$

因子Aは3水準なので自由度は2ですが，第1列，2列及び3列の平方和の合計は，

$$S_1 + S_2 + S_3 = 21.125 + 45.125 + 1.125 = 67.375 \tag{11.4.4}$$

となり，その自由度は3となります．したがって，自由度の差1に対応する平方和は，

$$(S_1 + S_2 + S_3) - S_A = 67.375 - 65.125 = 2.250 \tag{11.4.5}$$

となるので，これは誤差の成分となります．したがって，次のように第5列と6列の平方和と合計して誤差とします．

$$S_e = 2.25 + 28.125 + 1.125 = 31.500 \tag{11.4.6}$$

こうして，表11.4.4のような分散分析表を作成できます．因子B及びCは有意でないので，誤差にプールして分散分析表を作成し直すと表11.4.5のよ

表11.4.4　分散分析表

要因	平方和	自由度	平均平方	F比
A	65.125	2	32.56	3.10
B	6.125	1	6.13	—
C	6.125	1	6.13	—
誤差	31.500	3	10.50	
合計	108.875	7		

表11.4.5　プーリング後の分散分析表

要因	平方和	自由度	平均平方	F比
A	65.125	2	32.56	3.72
誤差	43.750	5	8.75	
合計	108.875	7		

うになります．これは，繰返し数の異なる一元配置実験を行ったのと同じ結果を表しています．

11.5 直交表による分割法実験

直交表の群を用いると，分割法実験を割り付けることができます．いま，1次因子をA，2次因子をBとCとし，交互作用A×BとB×Cを検討するものとします．特性値は大きいほど好ましく，因子はすべて2水準として，この実験を2回反復することにします．

まず，必要な自由度を検討すると，1次単位では反復と因子Aで自由度が最低2必要になります．また，2次単位では，因子BとCで自由度が2，交互作用A×BとB×Cで自由度2の合計4が必要となります．したがって，全体で必要な自由度は6となりますから，表11.5.1のように割り付けることが考えられます．つまり，1群と2群を1次単位に対応させ，反復を1列に，因子Aを2列に割り付けます．また，群3を使って因子BとCをそれぞれ4

表11.5.1 直交表 L_8

	1	2	3	4	5	6	7
1	1	1	1	1	1	1	1
2	1	1	1	2	2	2	2
3	1	2	2	1	1	2	2
4	1	2	2	2	2	1	1
5	2	1	2	1	2	1	2
6	2	1	2	2	1	2	1
7	2	2	1	1	2	2	1
8	2	2	1	2	1	1	2
成分	a		a	a		a	a
		b	b			b	b
				c	c	c	c
群	1	2		3			
割付け	R	A	B×C	B	A×B		C

11.5 直交表による分割法実験

列及び7列に割り付けます．そうすると，A×Bは6列に現れるので問題ありませんが，B×Cは低次の群である2群の3列に現れることになり，1次誤差（R×Aと同じ）と交絡してしまうことになります．

一次誤差との交絡を避けるためには，表11.5.2のように，実験回数は倍になりますが，3群の4列に因子Bを，4群の8列に因子Cを割り付けることが考えられます．こうすると，1次誤差は3列に現れることになり，B×Cと交絡することはなくなります．このように，直交表を使って分割実験を割り付ける際には，高次単位の因子同士の交互作用が低次の単位に現れることになるので，検討したい要因と交絡しないように注意する必要があります．

表11.5.2のデータについて列ごとの平方和を表11.5.3のように求めること

表11.5.2　直交表 L_{16}

	1	2	3	4	5	6	7	8	9	10	11	12	13	14	15	データ
1	1	1	1	1	1	1	1	1	1	1	1	1	1	1	1	5.7
2	1	1	1	1	1	1	1	2	2	2	2	2	2	2	2	4.6
3	1	1	1	2	2	2	2	1	1	1	1	2	2	2	2	2.7
4	1	1	1	2	2	2	2	2	2	2	2	1	1	1	1	1.6
5	1	2	2	1	1	2	2	1	1	2	2	1	1	2	2	3.4
6	1	2	2	1	1	2	2	2	2	1	1	2	2	1	1	2.5
7	1	2	2	2	2	1	1	1	1	2	2	2	2	1	1	2.1
8	1	2	2	2	2	1	1	2	2	1	1	1	1	2	2	2.3
9	2	1	2	1	2	1	2	1	2	1	2	1	2	1	2	6.7
10	2	1	2	1	2	1	2	2	1	2	1	2	1	2	1	5.3
11	2	1	2	2	1	2	1	1	2	1	2	2	1	2	1	3.6
12	2	1	2	2	1	2	1	2	1	2	1	1	2	1	2	2.3
13	2	2	1	1	2	2	1	1	2	2	1	1	2	2	1	4.8
14	2	2	1	1	2	2	1	2	1	1	2	2	1	1	2	3.3
15	2	2	1	2	1	1	2	1	2	2	1	2	1	1	2	1.8
16	2	2	1	2	1	1	2	2	1	1	2	1	2	2	1	1.3
成分	a	b	a b	a c	a c	b c	a b c	d	a d	b d	a b d	c d	a c d	b c d	a b c d	
群	1	2		3				4								
割付け	R	A		B	A×B			C				B×C				

表 11.5.3 分割実験の集計表

列番	1		2		3		4		5		6		7		8	
水準	1	2	1	2	1	2	1	2	1	2	1	2	1	2	1	2
水準計	24.9	29.1	32.5	21.5	25.8	28.2	36.3	17.7	25.2	28.8	29.8	24.2	28.7	25.3	30.8	23.2
(差)	−4.2		11.0		−2.4		18.6		−3.6		5.6		3.4		7.6	
(差)^2/16	1.103		7.562		0.360		21.623		0.810		1.960		0.722		3.610	

列番	9		10		11		12		13		14		15	
水準	1	2	1	2	1	2	1	2	1	2	1	2	1	2
水準計	26.1	27.9	28.1	25.9	27.4	26.6	28.1	25.9	27.0	27.0	26.0	28.0	26.9	27.1
(差)	−1.8		2.2		0.8		2.2		0.0		−2.0		−0.2	
(差)^2/16	0.203		0.303		0.040		0.303		0.000		0.250		0.002	

ができます．これを分散分析表にまとめると表 11.5.4 のようになります．誤差が複数あるため，それぞれの要因の平均平方をどの誤差に対して検定するのかを明示するために矢印を記入しています．

表 11.5.4 から，1 次誤差と交互作用 B×C は小さいので，2 次誤差にプールして，再度，分散分析表を作成し直すと表 11.5.5 のようになります．特性値は大きいほど好ましいので，表 11.5.3 の各列の水準計から，最適水準は $R_2A_1B_1C_1$ となるので，母平均の点推定は次のように求められます．

表 11.5.4 分散分析表

要因	平方和	自由度	平均平方	F 比
1 次単位				
R	1.103	1	1.103	3.06
A	7.562	1	7.562	21.01
1 次誤差(E_1)	0.360	1	0.360	1.24
2 次単位				
B	21.623	1	21.623	74.24
C	3.610	1	3.610	12.39
A×B	1.960	1	1.960	6.73
B×C	0.303	1	0.303	1.04
2 次誤差(E_2)	2.330	8	0.291	
合計	38.850	15		

11.5 直交表による分割法実験

表 11.5.5 プーリング後の分散分析

要因	平方和	自由度	平均平方	F比	5%点	1%点	平均平方の期待値	寄与率
R	1.103	1	1.102 5	3.68	4.96	10.00	$\sigma_{e'}^2 + 8\sigma_R^2$	0.021
A	7.562	1	7.562 5	25.27	4.96	10.00	$\sigma_{e'}^2 + 8\sigma_A^2$	0.187
B	21.623	1	21.622 5	72.26	4.96	10.00	$\sigma_{e'}^2 + 8\sigma_B^2$	0.549
C	3.610	1	3.610 0	12.06	4.96	10.00	$\sigma_{e'}^2 + 8\sigma_C^2$	0.085
A×B	1.960	1	1.960 0	6.55	4.96	10.00	$\sigma_{e'}^2 + 4\sigma_{A\times B}^2$	0.043
E'	2.993	10	0.299 3				$\sigma_{e'}^2$	0.116
合計	38.850	15						1.000

$$\begin{aligned}
\hat{\mu}(R_2A_1B_1C_1) &= \widehat{\mu + \delta_2 + \alpha_1 + \beta_1 + (\alpha\beta)_{11} + \gamma_1} \\
&= \widehat{\mu + \delta_2} + \widehat{\mu + \alpha_1 + \beta_1 + (\alpha\beta)_{11}} + \widehat{\mu + \gamma_1} - 2\hat{\mu} \quad (11.5.1) \\
&= \frac{29.1}{8} + \frac{22.3}{4} + \frac{30.8}{8} - 2\times\frac{54.0}{16} = 6.312\,5
\end{aligned}$$

有効反復数は伊奈の公式で求めると次のようになります．

$$\frac{1}{n_e} = \frac{1}{8} + \frac{1}{4} + \frac{1}{8} - 2\times\frac{1}{16} = \frac{3}{8} \quad (11.5.2)$$

田口の公式では，推定において無視しない要因は，R，A，B，C，A×B の 5 つですから，次のように求められます．

$$n_e = \frac{16}{(1+1+1+1+1)+1} = \frac{8}{3} \quad (11.5.3)$$

したがって，信頼率 95% の信頼幅は，

$$\pm t(10, 0.025)\sqrt{0.293\,3\times\frac{3}{8}} = \pm 2.228 \times 0.335 = \pm 0.746\,4 \quad (11.5.4)$$

となるので，信頼下限と信頼上限はそれぞれ次のように求められます．

$$6.312\,5 - 0.746\,4 = 5.566 \quad (11.5.5)$$

$$6.312\,5 + 0.746\,4 = 7.059 \quad (11.5.6)$$

11.6 特殊な分割実験

実験を行うにあたって，サンプリング誤差や測定誤差が大きいことが気になる場合があります．このような場合には，サンプリングだけ繰り返すとか，測定だけ繰り返すということが行われます．例えば，特性値は大きいほど好ましいものとし，直交表 $L_8(2^7)$ に因子 A, B, C を取り上げた実験を表 11.6.1 に示すように割り付けます．8回の実験はランダムな順番で行いますが，それぞれの実験でサンプルを2個抽出して測定した値をデータとして記入してあります．このとき，8回の実験を無作為化することによる誤差（1次誤差）と，それぞれの実験でサンプルを2個抽出して測定する誤差（2次誤差）の2種類が考えられます．したがって，これは分割実験となります．この場合のデータの構造は次のように考えられます．

$$y_{ijkl} = \mu + \alpha_i + \beta_j + \gamma_k + \varepsilon_{ijk}^{(1)} + \varepsilon_{ijkl}^{(2)} \tag{11.6.1}$$

ここで，α_i は因子 A の第 i 水準の効果，β_j は因子 B の第 j 水準の効果，γ_k は因子 C の第 k 水準の効果，$\varepsilon_{ijk}^{(1)}$ と $\varepsilon_{ijkl}^{(2)}$ は，それぞれ1次誤差及び2次誤差を表します．

表 11.6.1　分割実験とデータ

	1	2	3	4	5	6	7	データ	
1	1	1	1	1	1	1	1	3.8	4.3
2	1	1	1	2	2	2	2	3.7	3.4
3	1	2	2	1	1	2	2	3.0	3.3
4	1	2	2	2	2	1	1	2.6	2.2
5	2	1	2	1	2	1	2	3.3	3.5
6	2	1	2	2	1	2	1	2.7	2.2
7	2	2	1	1	2	2	1	2.2	2.5
8	2	2	1	2	1	1	2	1.8	1.9
成分	a		a		a		a		
		b	b			b	b		
				c	c	c	c		
群	1	2		3					
割付け	A	B		C					

11.6 特殊な分割実験

表 11.6.2 データの集計表

割付け	A		B				C							
列番	1		2		3		4		5		6		7	
水準	1	2	1	2	1	2	1	2	1	2	1	2	1	2
水準計	26.3	20.1	26.9	19.5	23.6	22.8	25.9	20.5	23.0	23.4	23.4	23.0	22.5	23.9
(差)	6.2		7.4		0.8		5.4		−0.4		0.4		−1.4	
(差)^2/8	2.40		3.42		0.04		1.82		0.01		0.01		0.12	

分散分析は表 11.6.2 を用いて次のように行います．

データの合計は，

$$T = 46.4 \tag{11.6.2}$$

ですから，修正項は次のようになります．

$$CT = \frac{T^2}{16} = 134.56 \tag{11.6.3}$$

また，データの 2 乗和は

$$\sum_{i=1}^{8}\sum_{j=1}^{2} y_{ij}^2 = 142.88 \tag{11.6.4}$$

ですから，総平方和は次のように求められます．

$$S_T = \sum_{i=1}^{8}\sum_{j=1}^{2} y_{ij}^2 - CT = 142.88 - 134.56 = 8.32 \tag{11.6.5}$$

1 次誤差は 3, 5, 6, 7 列の平方和の合計として次のようになります．

$$S_{E(1)} = 0.04 + 0.01 + 0.01 + 0.12 = 0.18 \tag{11.6.6}$$

2 次誤差は総平方和から次のようにして求められます．

$$\begin{aligned} S_{E(2)} &= S_T - (S_A + S_B + S_C + S_{E(1)}) \\ &= 8.32 - (2.40 + 3.42 + 1.82 + 0.18) = 0.50 \end{aligned} \tag{11.6.7}$$

これらをまとめて表 11.6.3 の分散分析表を作成します．

1 次誤差は 2 次誤差に対して有意でないので，2 次誤差にプールします．作り直した分散分析表を表 11.6.4 に示します．

特性値は大きいほど好ましいので，最適水準は表 11.6.2 から $A_1B_1C_1$ 水準となり，母平均の点推定値は次のように求められます．

表 11.6.3　分散分析表

要因	平方和	自由度	平均平方	F比
A	2.40	1	2.40	52.66
B	3.42	1	3.42	75.01
C	1.82	1	1.82	39.95
E(1)	0.18	4	0.05	0.74
E(2)	0.49	8	0.06	
合計	8.32	15		

表 11.6.4　プーリング後の分散分析表

要因	平方和	自由度	平均平方	F比	平均平方の期待値	寄与率
A	2.40	1	2.40	42.87	$\sigma_{e'}^2 + 8\sigma_A^2$	0.282
B	3.42	1	3.42	61.07	$\sigma_{e'}^2 + 8\sigma_B^2$	0.405
C	1.82	1	1.82	32.52	$\sigma_{e'}^2 + 8\sigma_C^2$	0.212
E'	0.67	12	0.06		$\sigma_{e'}^2$	0.101
合計	8.32	15				1.000

$$\hat{\mu}(A_1 B_1 C_1) = \widehat{\mu + \alpha_1 + \beta_1 + \gamma_1} = \widehat{\mu + \alpha_1} + \widehat{\mu + \beta_1} + \widehat{\mu + \gamma_1} - 2\hat{\mu}$$

$$= \frac{26.3}{8} + \frac{26.9}{8} + \frac{25.9}{8} - 2 \times \frac{46.4}{16}$$

$$= 3.2875 + 3.3625 + 3.2375 - 5.8 = 4.0875 \qquad (11.6.8)$$

有効反復数は，伊奈の公式で

$$\frac{1}{n_e} = \frac{1}{8} + \frac{1}{8} + \frac{1}{8} - 2 \times \frac{1}{16} = \frac{1}{4} \qquad (11.6.9)$$

となるので，信頼率 95% の信頼幅は次のように求められます．

$$\pm t(12, 0.025)\sqrt{\frac{0.06}{4}} = \pm 2.179 \times 0.112 = \pm 0.2669 \qquad (11.6.10)$$

したがって，信頼下限と信頼上限はそれぞれ次のようになります．

$$4.0875 - 0.2669 = 3.8206 \qquad (11.6.11)$$

$$4.0875 + 0.2669 = 4.3544 \qquad (11.6.12)$$

11.7 外側因子を割り付ける直交表実験

直交表による実験では,因子を列に割り付けるだけでなく,直交表の外側に因子を割り付けることもあります.これは,前節で述べたような分割実験ではサンプリングや測定誤差だけを問題にしていたのに対して,もっと積極的な意味をもつ割付けと考えることができます.例えば,表 11.7.1 のように,直交表に因子 A, B, C 及び D を割り付けます.さらに,外側因子として環境条件を表す因子 F を割り付けるような計画です.環境条件としては,通常の条件と厳しい条件を水準に取り,いずれの水準でも特性値が小さいほど好ましく,かつ水準が変わっても安定していることが望ましいものとします.そうすると,前者に対しては因子 F の各水準のデータの和を,後者に対しては因子 F の水準間のデータの差を解析し,両方とも小さい水準を求めればばよいことになります.こうした考えは,誤差因子の割付けというタグチメソッドに導きます.

表 11.7.2 にデータの和と差を示します.また,和と差に対する各列の平方

表 11.7.1 外側因子の割付けとデータ

	列							外側因子	
行	1	2	3	4	5	6	7	F_1	F_2
1	1	1	1	1	1	1	1	2.6	4.1
2	1	1	1	2	2	2	2	3.0	1.9
3	1	2	2	1	1	2	2	1.6	3.2
4	1	2	2	2	2	1	1	2.8	3.5
5	2	1	2	1	2	1	2	1.2	2.8
6	2	1	2	2	1	2	1	2.4	2.3
7	2	2	1	1	2	2	1	1.0	2.6
8	2	2	1	2	1	1	2	1.4	1.4
成分	a	b	a b	c	a c	b c	a b c		
群	1	2		3					
割付け	A	B		C			D		

150   11章　2水準直交表実験

和を求めるための計算表をそれぞれ表 11.7.3 及び表 11.7.4 に示します．データの合計は表 11.7.2 より，37.8 ですから，修正項は次のようになります．

表 11.7.2　データの和と差

行	列							外側因子		和	差	
	1	2	3	4	5	6	7	F_1	F_2	F_1+F_2	F_1-F_2	
1	1	1	1	1	1	1	1	2.6	4.1	6.7	−1.5	
2	1	1	1	2	2	2	2	3.0	1.9	4.9	1.1	
3	1	2	2	1	1	2	2	1.6	3.2	4.8	−1.6	
4	1	2	2	2	2	1	1	2.8	3.5	6.3	−0.7	
5	2	1	2	1	2	1	2	1.2	2.8	4.0	−1.6	
6	2	1	2	2	1	2	1	2.4	2.3	4.7	0.1	
7	2	2	1	1	2	2	1	1.0	2.6	3.6	−1.6	
8	2	2	1	2	1	1	2	1.4	1.4	2.8	0.0	
成分	a	b	a b	c	a c	b c	a b c	16.0	21.8	37.8	−5.8	合計
群	1	2		3								
割付け	A	B		C			D					

表 11.7.3　和に対する平方和の計算表

割付け	A		B				C						D	
列番	1		2		3		4		5		6		7	
水準	1	2	1	2	1	2	1	2	1	2	1	2	1	2
水準計	22.7	15.1	20.3	17.5	18.0	19.8	19.1	18.7	19.0	18.8	19.8	18.0	21.3	16.5
(差)	7.6		2.8		−1.8		0.4		0.2		1.8		4.8	
(差)²/16	3.610		0.490		0.203		0.010		0.002		0.203		1.440	

表 11.7.4　差に対する平方和の計算表

割付け	A		B				C						D	
列番	1		2		3		4		5		6		7	
水準	1	2	1	2	1	2	1	2	1	2	1	2	1	2
水準計	−2.7	−3.1	−1.9	−3.9	−2.0	−3.8	−6.3	0.5	−3.0	−2.8	−3.8	−2.0	−3.7	−2.1
(差)	0.4		2.0		1.8		−6.8		−0.2		−1.8		−1.6	
(差)²/16	0.010		0.250		0.203		2.890		0.002		0.203		0.160	

11.7 外側因子を割り付ける直交表実験

$$CT = \frac{37.8^2}{16} = 89.3025 \tag{11.7.1}$$

総平方和は,データの2乗和が101.08となりますから,次のように求められます.

$$S_T = 101.08 - CT = 11.778 \tag{11.7.2}$$

これより,因子Fの平方和は,第1水準と第2水準のデータの合計がそれぞれ16.0及び21.8となるので,次のように求められます.

$$S_F = \frac{16.0^2 + 21.8^2}{8} - CT = 2.1025 \tag{11.7.3}$$

直交表に割り付けられた因子A, B, C, Dと外側因子Fとの交互作用は次のように求められます.まず,各因子との級間平方和を計算するために表11.7.5を作成します.これより,交互作用はそれぞれ次のように求められます.

$$S_{A \times F} = S_{AF} - S_A - S_F = 5.72 - 3.61 - 2.103 = 0.01 \tag{11.7.3}$$

$$S_{B \times F} = S_{BF} - S_B - S_F = 2.84 - 0.49 - 2.103 = 0.25 \tag{11.7.4}$$

$$S_{C \times F} = S_{CF} - S_C - S_F = 5.00 - 0.01 - 2.103 = 2.89 \tag{11.7.5}$$

$$S_{D \times F} = S_{DF} - S_D - S_F = 3.70 - 1.44 - 2.103 = 0.16 \tag{11.7.6}$$

1次誤差は表11.7.3の第3, 5, 6列の平方和の和として次のようになります.

$$S_{E(1)} = 0.203 + 0.003 + 0.141 = 0.347 \tag{11.7.7}$$

2次誤差は,総平方和から各要因の平方和を引いて0.469となります.これらを,まとめて表11.7.6のような分散分析表が作成できます.差に対する分散分析表も同様にして表11.7.7のようになります.これらから,因子A, D, F及びC×Fが有意であり,安定性については因子Cが有意であることがわかります.好ましい水準は,表11.7.3から$A_2 D_2$,表11.7.4と表11.7.5から

表11.7.5 因子Fとの交互作用を求めるための計算表

割付け	A				B				C				D			
因子水準	1		2		1		2		1		2		1		2	
F水準	1	2	1	2	1	2	1	2	1	2	1	2	1	2	1	2
水準計	10.0	12.7	6.0	9.1	9.2	11.1	6.8	10.7	6.4	12.7	9.6	9.1	8.8	12.5	7.2	9.3
級間平方和	5.723				2.843				5.003				3.702			

表 11.7.6　和に対する分散分析表

要因	平方和	自由度	平均平方	F 比
A	3.610	1	3.610	26.58
B	0.490	1	0.490	3.61
C	0.010	1	0.010	0.07
D	1.440	1	1.440	10.60
E(1)	0.408	3	0.136	1.00
F	2.103	1	2.103	15.48
A×F	0.010	1	0.010	0.07
B×F	0.250	1	0.250	1.84
C×F	2.890	1	2.890	21.28
D×F	0.160	1	0.160	1.18
E(2)	0.407	3	0.136	
合計	11.778	15		

表 11.7.7　差に対する分散分析表

要因	平方和	自由度	平均平方	F 比
A	0.010	1	0.010	0.07
B	0.250	1	0.250	1.84
C	2.890	1	2.890	21.28
D	0.160	1	0.160	1.18
E(1)	0.408	3	0.136	1.00
F	2.103	1	2.103	2.38
A×F	0.010	1	0.010	0.01
B×F	0.250	1	0.250	0.28
C×F	2.890	1	2.890	3.27
D×F	0.160	1	0.160	0.18
E(2)	2.647	3	0.882	
合計	11.778	15		

C_1F_1 であるといえます．

　因子 B については B_2 がよさそうなので，最適水準は $A_2B_2C_1D_2F_1$ ということになります．表 11.7.6 の分散分析表をみると，1 次誤差が小さいので，2 次誤差にプールすることにします．また，因子 B と C×F の交互作用以外の交互作用もプールすることにします．ただし，C×F が有意なので因子 C はプールできないことに注意します．プーリング後の分散分析表を表 11.7.8 に示します．環境条件を表す因子 F と因子 C の交互作用が有意ということは，製品が使われる環境によって取り上げた特性が影響を受けるということを表して

11.7 外側因子を割り付ける直交表実験

表 11.7.8　プーリング後の分散分析表

要因	平方和	自由度	平均平方	F比
A	3.610	1	3.610	20.93
C	0.010	1	0.010	0.06
D	1.440	1	1.440	8.35
F	2.103	1	2.103	12.19
C×F	2.890	1	2.890	16.75
E'	1.725	10	0.173	
合計	11.778	15		

います．これは，製品としては使用範囲を限定せざるを得ないことを意味しており，好ましいことではありません．製品としては，どのような環境条件でも安定して使えることが望まれます．そのためには，設計段階で，こうした交互作用がないようにする必要があります．こうしたニーズに応えるのが，タグチメソッドにおけるパラメータ設計と呼ばれる方法です．

ところで，表 11.7.7 の分散分析表をみるとわかるように，因子 A, B, C, D の平方和はそれぞれの因子と因子 F との交互作用の平方和と一致しています．これは，環境条件を表す 2 水準の因子 F の水準間の差をとって分散分析を行ったからです．例えば，因子 A と F との交互作用とは，A_1 水準における因子 F の効果と A_2 水準における因子 F の効果の差ですから，因子 F の水準間の差を取り上げて分散分析すれば交互作用を求めていることになります．このことを，表 11.7.9 のように直交表 $L_4(2^3)$ の列 1 に因子 A を割り付け，外側因子として F を割り付けた場合について確認してみます．

表 11.7.9　外側因子との交互作用

行	列			データ		
	1	2	3	F_1	F_2	差
1	1	1	1	y_{11}	y_{12}	$z_1 = y_{11} - y_{12}$
2	1	2	2	y_{21}	y_{22}	$z_2 = y_{21} - y_{22}$
3	2	1	2	y_{31}	y_{32}	$z_3 = y_{31} - y_{32}$
4	2	2	1	y_{41}	y_{42}	$z_4 = y_{41} - y_{42}$
割付け	A					

データの合計は,

$$T = \sum_{i=1}^{2} \sum_{j=1}^{2} y_{ij} \tag{11.7.8}$$

となるので,修正項は次のように求められます.

$$CT = \frac{T^2}{8} \tag{11.7.9}$$

因子 A と F の平方和はそれぞれ次のように求められます.

$$S_A = \frac{(y_{11} + y_{12} + y_{21} + y_{22})^2 + (y_{31} + y_{32} + y_{41} + y_{42})^2}{4} - CT \tag{11.7.10}$$

$$S_F = \frac{(y_{11} + y_{21} + y_{31} + y_{41})^2 + (y_{12} + y_{22} + y_{32} + y_{42})^2}{4} - CT \tag{11.7.11}$$

また,級間平方和は次のように求められます.

$$S_{AF} = \frac{(y_{11} + y_{21})^2 + (y_{12} + y_{22})^2 + (y_{31} + y_{41})^2 + (y_{32} + y_{42})^2}{2} - CT \tag{11.7.12}$$

したがって,交互作用は次のようになります.

$$\begin{aligned}
S_{A \times F} &= S_{AF} - S_A - S_F \\
&= \frac{(y_{11} + y_{21})^2 + (y_{12} + y_{22})^2 + (y_{31} + y_{41})^2 + (y_{32} + y_{42})^2}{2} - CT \\
&\quad - \frac{(y_{11} + y_{12} + y_{21} + y_{22})^2 + (y_{31} + y_{32} + y_{41} + y_{42})^2}{4} + CT \\
&\quad - \frac{(y_{11} + y_{21} + y_{31} + y_{41})^2 + (y_{12} + y_{22} + y_{32} + y_{42})^2}{4} + CT \\
&= \frac{2}{4} \Big[(y_{11} + y_{21})^2 + (y_{12} + y_{22})^2 + (y_{31} + y_{41})^2 + (y_{32} + y_{42})^2 \Big] - CT \\
&\quad - \frac{1}{4} \Big\{ \big[(y_{11} + y_{21}) + (y_{12} + y_{22}) \big]^2 + \big[(y_{31} + y_{41}) + (y_{32} + y_{42}) \big]^2 \Big\} + CT
\end{aligned}$$

11.7 外側因子を割り付ける直交表実験

$$-\frac{1}{4}\left\{\left[(y_{11}+y_{21})+(y_{31}+y_{41})\right]^2+\left[(y_{12}+y_{22})+(y_{32}+y_{42})\right]^2\right\}+CT$$
(11.7.13)

さらに整理すると次のようになります.

$$\begin{aligned}S_{A\times F}&=CT-\frac{1}{2}\Big[(y_{11}+y_{21})(y_{12}+y_{22})+(y_{31}+y_{41})(y_{32}+y_{42})\Big]\\&\quad-\frac{1}{2}\Big[(y_{11}+y_{21})(y_{31}+y_{41})+(y_{12}+y_{22})(y_{32}+y_{42})\Big]\\&=\frac{1}{8}\Big[(y_{11}+y_{21})+(y_{12}+y_{22})+(y_{31}+y_{41})+(y_{32}+y_{42})\Big]^2\\&\quad-\frac{4}{8}\Big[(y_{11}+y_{21})(y_{12}+y_{22})+(y_{31}+y_{41})(y_{32}+y_{42})\Big]\\&\quad-\frac{4}{8}\Big[(y_{11}+y_{21})(y_{31}+y_{41})+(y_{12}+y_{22})(y_{32}+y_{42})\Big]\end{aligned}$$
(11.7.14)

$$\begin{aligned}S_{A\times F}=\frac{1}{8}\Big[&(y_{11}+y_{21})^2+(y_{12}+y_{22})^2+(y_{31}+y_{41})^2+(y_{32}+y_{42})^2\\&+2(y_{11}+y_{21})(y_{12}+y_{22})+2(y_{12}+y_{22})(y_{31}+y_{41})+2(y_{31}+y_{41})(y_{32}+y_{42})\\&+2(y_{11}+y_{21})(y_{32}+y_{42})+2(y_{11}+y_{21})(y_{31}+y_{41})+2(y_{12}+y_{22})(y_{32}+y_{42})\Big]\\&-\frac{4}{8}(y_{11}+y_{21})(y_{12}+y_{22})-\frac{4}{8}(y_{31}+y_{41})(y_{32}+y_{42})\\&-\frac{4}{8}(y_{11}+y_{21})(y_{31}+y_{41})-\frac{4}{8}(y_{12}+y_{22})(y_{32}+y_{42})\end{aligned}$$
(11.7.15)

$$\begin{aligned}S_{A\times F}=\frac{1}{8}\Big[&(y_{11}+y_{21})^2+(y_{12}+y_{22})^2+(y_{31}+y_{41})^2+(y_{32}+y_{42})^2\\&-2(y_{11}+y_{21})(y_{12}+y_{22})+2(y_{12}+y_{22})(y_{31}+y_{41})\\&-2(y_{31}+y_{41})(y_{32}+y_{42})+2(y_{11}+y_{21})(y_{32}+y_{42})\\&-2(y_{11}+y_{21})(y_{31}+y_{41})-2(y_{12}+y_{22})(y_{32}+y_{42})\Big]\end{aligned}$$
(11.7.16)

$$\begin{aligned}
S_{A\times F} &= \frac{1}{8}\Big\{\big[(y_{11}+y_{21})-(y_{12}+y_{22})\big]^2 + \big[(y_{31}+y_{41})-(y_{32}+y_{42})\big]^2 \\
&\quad + 2(y_{12}+y_{22})(y_{31}+y_{41}) + 2(y_{11}+y_{21})(y_{32}+y_{42}) \\
&\quad - 2(y_{11}+y_{21})(y_{31}+y_{41}) - 2(y_{12}+y_{22})(y_{32}+y_{42})\Big\} \\
&= \frac{1}{8}\Big[(z_1+z_2)^2 + (z_3+z_4)^2 + 2(y_{12}+y_{22})(y_{31}+y_{41}-y_{32}-y_{42}) \\
&\quad - 2(y_{11}+y_{21})(y_{31}+y_{41}-y_{32}-y_{42})\Big] \\
&= \frac{1}{8}\Big[(z_1+z_2)^2 + (z_3+z_4)^2 - 2(y_{11}+y_{21}-y_{12}-y_{22})(y_{31}+y_{41}-y_{32}-y_{42})\Big] \\
&= \frac{1}{8}\Big[(z_1+z_2)^2 - (z_3+z_4)^2\Big] \quad\quad\quad\quad (11.7.17)
\end{aligned}$$

これは,データの差に対する因子Aの平方和になっていることを示しています.

12章

3水準直交表実験

12.1　3水準直交表

3水準の直交表は2つのラテン方格を組み合わせることにより導くことができます．ラテン方格は図12.1.1に示すように，上下左右どこから眺めても1, 2, 3が必ず揃っているような方格のことです．2つのラテン方格の対応する升目にある数字を組み合わせると，右端にあるグレコラテン方格が導かれます．ここで，3水準の因子AとBを考え，因子CとDに対してグレコラテン方格の数字を対応させることにより，表12.1.1のような表を作成することができます．3水準の直交表は，このような表から工夫されたものです．

1	2	3
2	3	1
3	1	2

ラテン方格1

1	2	3
3	1	2
2	3	1

ラテン方格2

→

11	22	33
23	31	12
32	13	21

グレコラテン方格

図 12.1.1　ラテン方格とグレコラテン方格

表 12.1.1　3水準直交表

A \ B	B_1	B_2	B_3
A_1	$A_1B_1C_1D_1$	$A_1B_2C_2D_2$	$A_1B_3C_3D_3$
A_2	$A_2B_1C_2D_3$	$A_2B_2C_3D_1$	$A_2B_3C_1D_2$
A_3	$A_3B_1C_3D_2$	$A_3B_2C_1D_3$	$A_3B_3C_2D_1$

3 水準の直交表は，$L_{3^k}\left(3^{\frac{3^k-1}{2}}\right)$, ($k=2, 3, 4, \cdots$) で表されます．

最も小さい $L_9(3^4)$ を表 12.1.2 に示します．3 水準の直交表には，次のような性質があります．

① 1 つの列の自由度は 2 です．
② 2 因子交互作用は 2 つの列に現れます．
　例えば，a と b の交互作用は ab と ab^2 の 2 列に現れます．
③ 表 12.1.2 の中の 1, 2, 3 は水準を表します．

表 12.1.2 直交表 $L_9(3^4)$

No.	列番			
	1	2	3	4
1	1	1	1	1
2	1	2	2	2
3	1	3	3	3
4	2	1	2	3
5	2	2	3	1
6	2	3	1	2
7	3	1	3	2
8	3	2	1	3
9	3	3	2	1
成分	a	b	ab	ab^2
群	1	2		

$L_{27}(3^{13})$ について，交互作用を求めてみます（表 12.1.3）．

① 1 列 (a) と 5 列 (c) の交互作用は，成分から ac（6 列）と ac^2 となります．しかし，ac^2 に対応する列がないので $(ac^2)^2 = a^2c^4 = a^2c$ ($c^3 = 1$ とする) として a^2c（7 列）．

② 1 列 (a) と 8 列 (bc) の交互作用は，
　　$a \times bc = abc$（9 列）
　　$a \times (bc)^2 = ab^2c^2$ より，$(ab^2c^2)^2 = a^2bc$（10 列）．

③ 3 列 (ab) と 8 列 (bc) の交互作用は，
　　$ab \times bc = ab^2c$（12 列）
　　$ab \times (bc)^2 = ab^3c^2 = ac^2$ より，$(ac^2)^2 = a^2c$（7 列）．

12.1 3水準直交表

④ 6列(ac) と 12列(ab^2c) の交互作用は，
$$ac \times ab^2c = a^2b^2c^2 = (a^2b^2c^2)^2 = abc \text{ （9列）}$$
$$ac \times (ab^2c)^2 = b \text{ （2列）}.$$

表 12.1.3　直交表 $L_{27}(3^{13})$

	1	2	3	4	5	6	7	8	9	10	11	12	13
1	1	1	1	1	1	1	1	1	1	1	1	1	1
2	1	1	1	1	2	2	2	2	2	2	2	2	2
3	1	1	1	1	3	3	3	3	3	3	3	3	3
4	1	2	2	2	1	1	1	2	2	2	3	3	3
5	1	2	2	2	2	2	2	3	3	3	1	1	1
6	1	2	2	2	3	3	3	1	1	1	2	2	2
7	1	3	3	3	1	1	1	3	3	3	2	2	2
8	1	3	3	3	2	2	2	1	1	1	3	3	3
9	1	3	3	3	3	3	3	2	2	2	1	1	1
10	2	1	2	3	1	2	3	1	2	3	1	2	3
11	2	1	2	3	2	3	1	2	3	1	2	3	1
12	2	1	2	3	3	1	2	3	1	2	3	1	2
13	2	2	3	1	1	2	3	2	3	1	3	1	2
14	2	2	3	1	2	3	1	3	1	2	1	2	3
15	2	2	3	1	3	1	2	1	2	3	2	3	1
16	2	3	1	2	1	2	3	3	1	2	2	3	1
17	2	3	1	2	2	3	1	1	2	3	3	1	2
18	2	3	1	2	3	1	2	2	3	1	1	2	3
19	3	1	3	2	1	3	2	1	3	2	1	3	2
20	3	1	3	2	2	1	3	2	1	3	2	1	3
21	3	1	3	2	3	2	1	3	2	1	3	2	1
22	3	2	1	3	1	3	2	2	1	3	3	2	1
23	3	2	1	3	2	1	3	3	2	1	1	3	2
24	3	2	1	3	3	2	1	1	3	2	2	1	3
25	3	3	2	1	1	3	2	3	2	1	2	1	3
26	3	3	2	1	2	1	3	1	3	2	3	2	1
27	3	3	2	1	3	2	1	2	1	3	1	3	2
成分	a	b	a b	a^2 b c	a c	a^2 c	a c	a^2 b c	b c	a^2 b c	b^2 c	a b^2 c	a^2 b^2 c

12.2　3水準直交表実験の分散分析

いま，3水準の因子A, B及びCを取り上げて直交表$L_9(3^4)$に割り付け，表12.2.1のようなデータを得ました．特性値は大きいほうが好ましいものとします．3水準の直交表では，各列の平方和は，修正項をCTとして式(12.2.1)のように求めます．

$$S = \frac{(\text{第1水準のデータの和})^2}{\text{第1水準のデータ数}} + \frac{(\text{第2水準のデータの和})^2}{\text{第2水準のデータ数}} + \frac{(\text{第3水準のデータの和})^2}{\text{第3水準のデータ数}} - CT \tag{12.2.1}$$

データの合計は，

$$T = 49.4 \tag{12.2.2}$$

なので，修正項は次のようになります．

$$CT = \frac{T^2}{9} = 271.151 \tag{12.2.3}$$

表 **12.2.1**　割付けとデータ

No.	1	2	3	4	データ
1	1	1	1	1	5.7
2	1	2	2	2	8.8
3	1	3	3	3	10.0
4	2	1	2	3	3.8
5	2	2	3	1	6.9
6	2	3	1	2	8.2
7	3	1	3	2	1.4
8	3	2	1	3	1.4
9	3	3	2	1	3.2
割付け	A	B	C		

各列の平方和を求めるために，表12.2.2のような計算表を作成します．

分散分析表にまとめると表12.2.3のようになります．因子Cは明らかに有意でないのでプールすることにし寄与率も求めると表12.2.4が得られます．例えば，因子Aの寄与率は次のようにして求められます．

12.2 3水準直交表実験の分散分析

$$\rho_A = \frac{60.002 - 2 \times 0.912\,8}{82.229} = 0.707 \qquad (12.2.4)$$

特性値は大きいほうが好ましいことから,最適水準は A_1B_3 となり,母平均の点推定は次のように求められます.

表 12.2.2　計算表

列	1			2		
水準	1	2	3	1	2	3
水準計	24.5	18.9	6.0	10.9	17.1	21.4
(水準計)^2	600.25	357.21	36.00	118.81	292.41	457.96
(水準計)^2 合計	993.46			869.18		
平方和	60.002			18.576		

列	3			4		
水準	1	2	3	1	2	3
水準計	15.3	15.8	18.3	15.8	18.4	15.2
(水準計)^2	234.09	249.64	334.89	249.64	338.56	231.04
(水準計)^2 合計	818.62			819.24		
平方和	1.722			1.929		

表 12.2.3　分散分析表

要因	平方和	自由度	平均平方	F比
A	60.002	2	30.00	31.11
B	18.576	2	9.29	9.63
C	1.722	2	0.86	0.89
E	1.929	2	0.96	
合計	82.229	8		

表 12.2.4　プーリング後の分散分析表

要因	平方和	自由度	平均平方	F比	寄与率
A	60.002	2	30.00	32.87	0.707
B	18.576	2	9.29	10.18	0.204
E	3.651	4	0.91		0.089
合計	82.229	8			1.000

$$\hat{\mu}(A_1B_3) = \widehat{\mu + \alpha_1 + \mu + \beta_3}$$
$$= \widehat{\mu + \alpha_1} + \widehat{\mu + \beta_3} - \hat{\mu} = \frac{24.5}{3} + \frac{21.4}{3} - \frac{49.4}{9} = 9.811$$
(12.2.5)

このとき，有効反復数は伊奈の公式によれば，

$$\frac{1}{n_e} = \frac{1}{3} + \frac{1}{3} - \frac{1}{9} = \frac{5}{9} \tag{12.2.6}$$

田口の公式によれば，

$$n_e = \frac{9}{(2+2)+1} = \frac{9}{5} \tag{12.2.7}$$

したがって，信頼率95%の信頼幅は次のようになります．

$$\pm t(4, 0.025)\sqrt{\frac{5}{9} \times 0.9128} = \pm 2.776 \times 0.712 = \pm 1.977 \tag{12.2.8}$$

上式より，信頼下限と信頼上限はそれぞれ次のように求まります．

$$9.811 - 1.977 = 7.834 \tag{12.2.9}$$
$$9.811 + 1.977 = 11.788 \tag{12.2.10}$$

13章

一対比較によるウエートの評価

13.1 階層化意思決定法とそのモデル

　複数の対象について，何らかの方法で評価してそれぞれの重要度やウエートを求めたい場合があります．中でも，いくつかの代替案の中から最も適当と考えられるものを決定する意思決定の問題は重要です．階層化意思決定法（AHP：Analytic Hierarchy Process）は，サーティ（T.L. Saaty）により提案された方法です．

　いま，マイホームを建てるにあたって，A, B, Cのどのハウジングメーカーに発注するか決める問題を考えます．まず，発注先を決めるためには，それぞれのメーカーの価格，間取り，様式について，どこが最もよいかを評価する必要があります．意思決定が難しいのは，価格は適当でも間取りが気に入らないとか，様式はよいけれど価格が高すぎるというように，長所と短所が混在しているからです．したがって，最終的には，それらを総合化して納得できる結論を導かねばなりません．

　サーティはこのような意思決定問題を図13.1.1のように階層構造でモデル化しました．すなわち，意思決定の問題とは，いくつかある代替案の中から，何らかの基準によって，一つを選ぶことであり，①複数の代替案がある，②評価のための何らかの基準がある，③一つを選択する，という構造としてとらえられると考えたのです．

```
                ┌─────────────────────┐
                │  住宅の発注先決定問題  │           意思決定問題
                └─────────────────────┘
                    │      │      │
            ┌───────┐ ┌───────┐ ┌───────┐
            │ 価格  │ │ 様式  │ │間取り │     評価基準
            └───────┘ └───────┘ └───────┘
                │      │      │
            ┌───────┐ ┌───────┐ ┌───────┐
            │ A社  │ │ B社  │ │ C社  │     代替案
            └───────┘ └───────┘ └───────┘
```

図 **13.1.1** 階 層 図

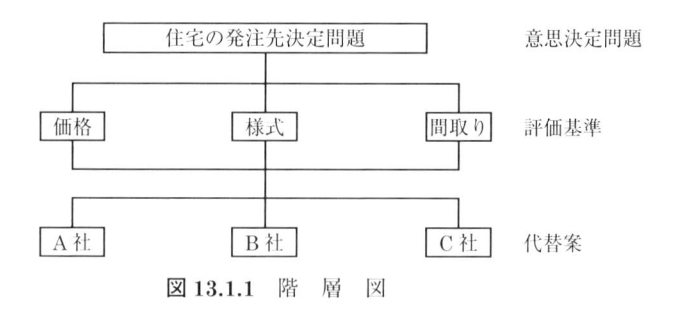

13.2 一対比較によるウエートの求め方

一般に評価基準は複数ありますから,AHPでは一度に2つの評価項目を取り上げて,一方が他方の何倍重要か評価します.これを一対比較といいます.評価は"重要度"だけでなく,大きさ,緊急度,致命度などいろいろな観点を取り上げることができます.AHPでは,一対比較の尺度として表 13.2.1 のような尺度を推奨しています.

表 **13.2.1** 一対比較の尺度

尺度	意 味
9	非常に重要
7	かなり重要
5	重 要
3	やや重要
1	同 等

(偶数は補完的に用いる)

ここで,図 13.2.1 の五大湖について,一対比較で面積の比を求めてみます.まず,表 13.2.1 のような一対比較表を作成します.ついで,AはBに対して何倍大きいかを評価して表に記入します.こうして作成された表は,数学的には行列ですから,一対比較行列と呼ぶこともあります.ここでは,表 13.2.1 の尺度にはこだわらずに何倍かを評価しています.

一対比較行列において,対角要素は自分自身との比較ですから,すべて1

13.2 一対比較によるウエートの求め方

図 13.2.1 五大湖の地図
(出典 http://en.wikipedia.org/wiki/File:Great-Lakes.svg の図を編集)

(同等) となります．また，スペリオル湖はミシガン湖の 1.2 倍であるということは，ミシガン湖はスペリオル湖の 1/1.2 倍であるといっても同じです．このような性質を逆数対称性といいます．したがって，一対比較は表 13.2.2 のように，上三角行列の要素のみについて行えばよいことになります．

表 13.2.2 五大湖の面積の一対比較表

A \ B	スペリオル湖	ミシガン湖	ヒューロン湖	エリー湖	オンタリオ湖
スペリオル湖	1	1.2	1.8	3.2	7
ミシガン湖		1	1	1.6	4
ヒューロン湖			1	1.2	3
エリー湖				1	1.2
オンタリオ湖					1

ウエートを計算するには，幾何平均による近似解を求める方法と固有値問題を解いて精密解を求める方法とがあります．幾何平均による方法では，例えばスペリオル湖については，まず，一対比較の値の積を，

$$1.000\,00 \times 1.200\,00 \times 1.800\,00 \times 3.200\,00 \times 7.000\,00 = 48.384\,00 \tag{13.2.1}$$

表 13.2.3

A \ B		1 スペリオル湖	2 ミシガン湖	3 ヒューロン湖	4 エリー湖	5 オンタリオ湖
1	スペリオル湖	1.000 00	1.200 00	1.800 00	3.200 00	7.000 00
2	ミシガン湖	0.833 33	1.000 00	1.000 00	1.600 00	4.000 00
3	ヒューロン湖	0.555 56	1.000 00	1.000 00	1.200 00	3.000 00
4	エリー湖	3.200 00	0.625 00	0.833 33	1.000 00	1.200 00
5	オンタリオ湖	0.142 86	0.250 00	0.333 33	0.833 33	1.000 00

のように求めます．同様に，他の湖についても表 13.2.3 の"積"の欄のように求めます．次に，それらの 5 乗根を幾何平均として計算します．幾何平均の合計は，6.264 93 となるので，この値で幾何平均を除して（合計が 1 となるように）規準化しウエートを求めます．こうして求めた値が表 13.2.3 の近似解として記入してあります．

いま，i 番目の湖の面積の割合 w_i ($i=1, 2, \cdots, 5$) を要素とするウエートベクトルを w とし，i 番目の湖の面積が j 番目のそれの何倍かを表す一対比較の値 a_{ij} を要素とする一対比較行列を A とすると次式が成り立ちます．

$$Aw = nw \tag{13.2.2}$$

これは，n を固有値，w を固有ベクトルとする固有方程式であることを示しています．表 13.2.3 には，ベキ乗法を使ったプログラムで計算した精密解が記入してあります．これを右の欄の実際の面積比と比べるとよい一致を示していることがわかります．

ところで，式(13.2.2)が成り立つのは，一対比較が完全に行われた場合に限ります．しかし，一般には完全な一対比較を行うことは無理があります．一対比較が完全でないというのは，一対比較の間に推移律

$$a_{ij} = a_{ik} \times a_{kj} \tag{13.2.3}$$

が成り立たないことと同じです．このときは，B を一対比較行列，$\lambda_{\max}$ を固有値として，

$$Bw = \lambda_{\max} w \tag{13.2.4}$$

ウエートの計算

積	幾何平均	近似解	精密解	面積 km²	面積比
48.384 00	2.172 40	0.346 76	0.371	82 200	0.337
5.333 33	1.397 65	0.223 09	0.239	58 000	0.238
2.000 00	1.148 70	0.183 35	0.196	59 000	0.242
2.000 00	1.148 70	0.183 35	0.125	26 000	0.106
0.009 92	0.397 47	0.063 44	0.069	19 000	0.078

が成り立ちます．また，$\lambda_{\max} \geq n$ となることが知られており，整合度 C.I. を次のように定義します．

$$C.I. = \frac{\lambda_{\max} - n}{n-1} \tag{13.2.5}$$

一対比較が完全に行われていれば固有値は項目の数 n となるので，分子の $\lambda_{\max} - n$ は，それからのズレを表していると考えることができます．また，n 次の行列の固有値は n 個あるので，一対比較が完全に行われていない場合の残りの固有値 $n-1$ 個で除して規準化することにより，一対比較の整合性を表しています．一般に，AHP では，整合度 C.I. の値が 0.1 以下ならば，そのとき得られたウエートを用いてよいとされています．

13.3 意思決定の例

13.1 節の図 13.1.1 に示した住宅の発注先決定問題に AHP を適用してみます．まず，評価基準同士の一対比較を行い，それぞれの評価基準のウエートを求めます（表 13.3.1）．ここでは，幾何平均による近似解を求めています．

次に，評価基準ごとに，各社のウエートを表 13.3.2 のように求めます．

最後に，これらを表 13.3.3 のようにして総合重要度（総合ウエート）を求めます．これより，総合重要度の最も高い B 社に発注先を決めればよいことになります．

168   13章　一対比較によるウエートの評価

表 13.3.1　評価基準のウエート

	価格	様式	間取り	幾何平均	ウエート
価格	1	9	7	3.979	0.772
様式	1/9	1	1/5	0.281	0.055
間取り	1/7	5	1	0.894	0.173
	合計			5.154	

表 13.3.2　評価基準の一対比較によるウエートの算出

価格	A	B	C	幾何平均	ウエート
A	1	1/4	1/3	0.437	0.122
B	4	1	2	2.000	0.558
C	3	1/2	1	1.145	0.320
	合計			3.582	

様式	A	B	C	幾何平均	ウエート
A	1	1	1/2	0.794	0.260
B	1	1	2	1.260	0.413
C	2	1/2	1	1.000	0.327
	合計			3.054	

間取り	A	B	C	幾何平均	ウエート
A	1	3	1	1.442	0.443
B	1/3	1	1/2	0.550	0.169
C	1	2	1	1.260	0.387
	合計			3.252	

表 13.3.3　総合重要度の計算

	価格 0.772	様式 0.055	間取り 0.173	総合重要度
A社	0.122 0.122×0.772＝0.094	0.260 0.260×0.055＝0.014	0.443 0.443×0.173＝0.077	0.19
B社	0.558 0.558×0.772＝0.431	0.413 0.413×0.055＝0.023	0.169 0.169×0.173＝0.029	0.47
C社	0.320 0.320×0.772＝0.247	0.327 0.327×0.055＝0.018	0.387 0.387×0.173＝0.067	0.33

14章

マハラノビス平方距離の利用

14.1 規準化からマハラノビス平方距離へ

偏差値を計算する式(1.1.8)や正規分布の規準化の式(1.2.2)において現れる，平均からの偏差を標準偏差で除した，

$$u = \frac{x - \mu}{\sigma} \tag{14.1.1}$$

は，統計的に大変重要な量です．母平均の検定統計量にも同様な形で含まれています．これは，1次元の場合，ある意味で平均からどの程度離れているかを表していますが，単に平均からの偏差ではなく，標準偏差で割っているところに特徴があります．確率密度を考慮した距離ということもできます．

いま，正規分布 $N(1, 1^2)$ と $N(1, 2^2)$ において，平均からの偏差が1となる点をそれぞれ図14.1.1(a)及び(b)に示します．また，これらを規準化するとそれぞれ図14.1.2(a)及び(b)のようになります．すなわち，標準偏差（ばらつ

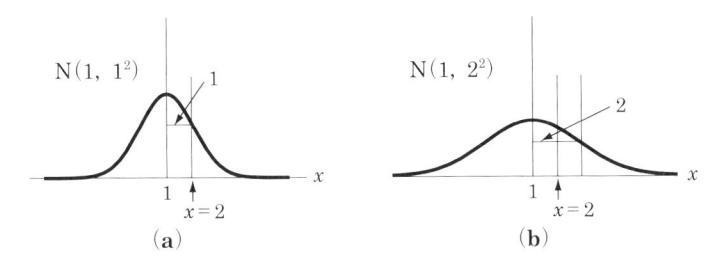

図 14.1.1　正規分布の母平均からの偏差が1の点

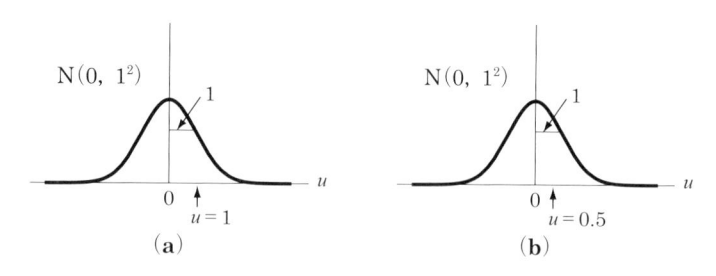

図 14.1.2 　規準化した値

き) を考えなければ, 図 14.1.1(a) の場合も (b) の場合も平均からの偏差が共に 1 と同じですが, 標準偏差を考慮することにより規準化すると図 14.1.2(a) では $u = 1$ となるのに対し, 同図 (b) では $u = 0.5$ となり, より平均に近いと評価されることがわかります.

式 (14.1.1) は 2 乗して次のように書くことができます.

$$u^2 = (x - \mu)\sigma^{-2}(x - \mu) \tag{14.1.2}$$

マハラノビス (P.C. Maharanobis) は, この式の構造を考察し, マハラノビス平方距離 D^2 を定義しました. これを, x と y の 2 次元の場合について書くと次式のように表すことができます.

$$\begin{aligned}
D^2 &= \begin{pmatrix} x - \mu_x & y - \mu_y \end{pmatrix} \Sigma^{-1} \begin{pmatrix} x - \mu_x \\ y - \mu_y \end{pmatrix} \\
&= \begin{pmatrix} x - \mu_x & y - \mu_y \end{pmatrix} \begin{pmatrix} \sigma_{xx}^2 & \sigma_{xy}^2 \\ \sigma_{xy}^2 & \sigma_{yy}^2 \end{pmatrix}^{-1} \begin{pmatrix} x - \mu_x \\ y - \mu_y \end{pmatrix}
\end{aligned} \tag{14.1.3}$$

ここで, Σ^{-1} は x と y の分散共分散行列の逆行列であり, 式 (14.1.2) の分散の逆数に対応していることがわかります.

さて, 2 次元正規分布 $N(0,0,1^2,0.6^2,0)$ の確率密度関数は図 14.1.3 のように, その等確率密度線表示は図 14.1.4 のようになります.

図 14.1.3 のような, 2 次元正規分布において, 図 14.1.5 に示すように分布の中心 (0, 0) から点 A (0, 0.25) までのマハラノビス平方距離は, 次のように求められます.

14.1 規準化からマハラノビス平方距離へ

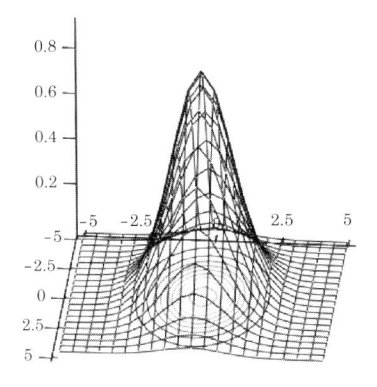

図 14.1.3 $N(0,0,1^2,0.6^2,0)$ の確率密度関数

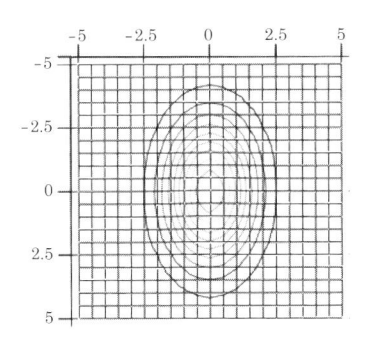

図 14.1.4 $N(0,0,1^2,0.6^2,0)$ の等確率密度線

$$\hat{D}^2 = \begin{pmatrix} 0-0 & 2.5-0 \end{pmatrix} \begin{pmatrix} 1^2 & 0 \\ 0 & 0.6^2 \end{pmatrix}^{-1} \begin{pmatrix} 0-0 \\ 2.5-0 \end{pmatrix}$$

$$= \begin{pmatrix} 0 & 2.5 \end{pmatrix} \begin{pmatrix} 1 & 0 \\ 0 & 1/0.6^2 \end{pmatrix} \begin{pmatrix} 0 \\ 2.5 \end{pmatrix} = \left(\frac{2.5}{0.6}\right)^2 = 17.36 \quad (14.1.4)$$

また，同様に点 B (4.2, 0) までのマハラノビス平方距離は次のように求められます．

$$\hat{D}^2 = \begin{pmatrix} 4.2-0 & 0-0 \end{pmatrix} \begin{pmatrix} 1^2 & 0 \\ 0 & 0.6^2 \end{pmatrix}^{-1} \begin{pmatrix} 4.2-0 \\ 0-0 \end{pmatrix}$$

$$= \begin{pmatrix} 4.2 & 0 \end{pmatrix} \begin{pmatrix} 1 & 0 \\ 0 & 1/0.6^2 \end{pmatrix} \begin{pmatrix} 4.2 \\ 0 \end{pmatrix} = 4.2^2 = 17.64 \quad (14.1.5)$$

図 14.1.5 に見られるように，分布の中心からの点 A と点 B までの通常の距離は，それぞれ 2.5 及び 4.2 ですが，マハラノビス平方距離はほぼ同じ値となっていることがわかります．この例では，図 14.1.5 から点 A と B の座標値を読み取ったためマハラノビス平方距離が一致していませんが，分布の中心から等確率密度線上の点までのマハラノビス平方距離は等しくなります．

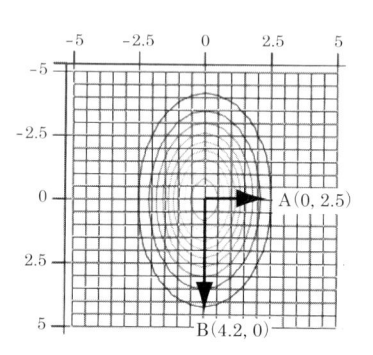

図 14.1.5 $N(0,0,1^2,0.6^2,0)$ の等確率密度線

実際の問題では，測定単位によってデータの大きさは影響を受けます．そこで，単位の影響を受けないようにするために，分散共分散行列の代わりに相関係数行列を用いるのが普通です．具体的には，例えば点 A までのマハラノビス平方距離を，平均からの偏差を規準化して次のように計算します．

$$\hat{D}^2 = \begin{pmatrix} \dfrac{0-0}{1} & \dfrac{2.5-0}{0.6} \end{pmatrix} \begin{pmatrix} 1 & 0 \\ 0 & 1 \end{pmatrix}^{-1} \begin{pmatrix} \dfrac{0-0}{1} \\ \dfrac{2.5-0}{0.6} \end{pmatrix}$$

$$= \begin{pmatrix} 0 & \dfrac{2.5}{0.6} \end{pmatrix} \begin{pmatrix} 1 & 0 \\ 0 & 1 \end{pmatrix} \begin{pmatrix} 0 \\ \dfrac{2.5}{0.6} \end{pmatrix} = \left(\dfrac{2.5}{0.6}\right)^2 = 17.36 \quad (14.1.6)$$

もう一つの例として，2 変量に相関がある場合についてマハラノビス平方距離を計算してみます．図 14.1.6 に示すような 2 次元正規分布 $N(0,0,1^2,0.6^2,0.7)$ に対して，分布の中心から点 A (0, –1.5) と点 B (1.0, –1.0) までのマハラノビス平方距離を求めてみます．このとき，分散共分散行列は，

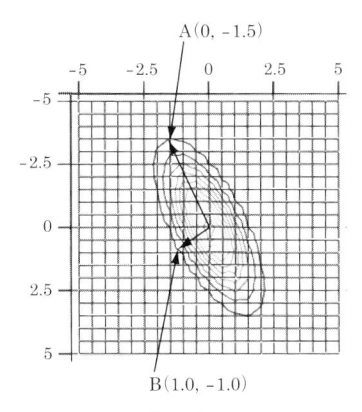

図 14.1.6 $N(0, 0, 1^2, 0.6^2, 0.7)$ の等確率密度線

$$\hat{\Sigma} = \begin{pmatrix} 1^2 & \left(\sqrt{0.42}\right)^2 \\ \left(\sqrt{0.42}\right)^2 & 0.6^2 \end{pmatrix} \tag{14.1.7}$$

となるので，逆行列は次のように求められます．

$$\hat{\Sigma}^{-1} = \begin{pmatrix} 1.961 & -2.288 \\ -2.288 & 5.447 \end{pmatrix} \tag{14.1.8}$$

したがって，分布の中心から点 A までのマハラノビス平方距離は次のように求められます．

$$\begin{aligned} \hat{D}^2 &= \begin{pmatrix} 0-0 & -1.5-0 \end{pmatrix} \begin{pmatrix} 1.961 & -2.288 \\ -2.288 & 5.447 \end{pmatrix} \begin{pmatrix} 0-0 \\ -1.5-0 \end{pmatrix} \\ &= \begin{pmatrix} 0 & -1.5 \end{pmatrix} \begin{pmatrix} 1.961 & -2.288 \\ -2.288 & 5.447 \end{pmatrix} \begin{pmatrix} 0 \\ -1.5 \end{pmatrix} = 12.255 \end{aligned} \tag{14.1.9}$$

同様に，点 B までのマハラノビス平方距離は次のようになります．

$$\hat{D}^2 = \begin{pmatrix} 1.0 & -1.0 \end{pmatrix} \begin{pmatrix} 1.961 & -2.288 \\ -2.288 & 5.447 \end{pmatrix} \begin{pmatrix} 1.0 \\ -1.0 \end{pmatrix} = 11.983 \tag{14.1.10}$$

これより，分布の中心から等確率密度線上の 2 つの点 A と B までのマハラノビス平方距離ですから当然ですが，それらは等しいことがわかります．ここでも，図から点の座標値を読み取ったため距離が完全には一致していないこと

に注意します．

14.2　マハラノビス平方距離の期待値と分散

近年，センサー技術の進歩に伴い，さまざまなデータが収集できるようになりました．そうしたデータを利用してマハラノビス平方距離を計算し，製品の合否などの自動判別を行うニーズが高まっています．マハラノビス・タグチ（MT）法と呼ばれる手法が注目されているのもそのあらわれだと考えられます．

MT法では，標準となるデータから基準空間（単位空間とも呼ばれます）を構成します．これは，マハラノビス平方距離を計算するための平均と標準偏差及び分散共分散行列に対応します．そうして，比較対象から得られたデータからマハラノビス平方距離 D^2 を求めます．この値が小さければ，基準空間に属していると判定してよいことになります．

しかし，データから求めたマハラノビス平方距離 $\hat{D}^2$ は統計量ですから，ばらつきがあるため，どの程度の大きさまでを基準空間に属していると判定したらよいか判定基準が必要になります．品質管理で用いられる管理図では，統計的管理状態か否かを判定するために"3シグマルール"といって，平均の周りに標準偏差の3倍の管理限界を設定するのが普通です．ただし，マハラノビス平方距離は正規分布のように左右対称な分布ではないことを考慮して判定基準を検討する必要があります．

マハラノビス平方距離を用いた判定基準は，個別の問題に応じて設定しなければなりません．また，そのためには，マハラノビス平方距離 $\hat{D}^2$ の期待値と分散を評価することが必要です．永田[5]は，マハラノビス平方距離を求めるための項目の数を p とし，サンプル数を n とするとき，

$$\frac{n(n-p)}{p(n-1)(n+1)} \times \hat{D}^2 \tag{14.2.1}$$

14.2 マハラノビス平方距離の期待値と分散

が近似的に $F(p, n-p)$ に従うことを利用し，$F(p, n-p)$ の期待値が $\dfrac{n-p}{n-p-2}$ となることから，

$$\begin{aligned}
E(\hat{D}^2) &= \frac{p(n-1)(n+1)}{n(n-p)} \times E\bigl[F(p, n-p)\bigr] \\
&= \frac{p(n-1)(n+1)}{n(n-p)} \times \frac{n-p}{n-p-2} \\
&= \frac{p(n-1)(n+1)}{n(n-p-2)}
\end{aligned} \tag{14.2.2}$$

を導いています．

判定基準を検討するためには分散が必要になりますが，次のように導くことができます．

まず，$F(p, n-p)$ の分散が，

$$\frac{2(n-p)^2(n-2)}{p(n-p-2)(n-p-4)} \tag{14.2.3}$$

となることから，次のように求められます．

$$\begin{aligned}
V(\hat{D}^2) &= \frac{p^2(n-1)^2(n+1)^2}{n^2(n-p)^2} \times V\bigl[F(p, n-p)\bigr] \\
&= \frac{p^2(n-1)^2(n+1)^2}{n^2(n-p)^2} \times \frac{2(n-p)^2(n-2)}{p(n-p-2)^2(n-p-4)} \\
&= \frac{2p(n-1)^2(n+1)^2(n-2)}{n^2(n-p-2)^2(n-p-4)}
\end{aligned} \tag{14.2.4}$$

参考までに，表 14.2.1 に項目数 p とサンプル数 n に対するマハラノビス平方距離の期待値と分散を示します．

表 14.2.1 マハラノビス平方距離の期待値と分散

p	n	$E(\hat{D}^2)$	$V(\hat{D}^2)$
3	10	5.940	62.726
3	20	3.990	14.695
3	50	3.332	8.262
3	100	3.158	7.004
4	10	9.900	196.020
4	20	5.700	24.368
4	50	4.544	11.797
4	100	4.255	9.642
5	10	16.500	871.200
5	20	7.673	38.537
5	50	5.812	15.817
5	100	5.376	12.449
6	20	9.975	59.700
6	50	7.140	20.392
6	100	6.521	15.435
7	20	12.695	92.100
7	50	8.533	25.605
7	100	7.692	18.612
8	20	15.960	143.281
8	50	9.996	31.554
8	100	8.888	21.993
9	20	19.950	227.430
9	50	11.534	38.351
9	100	10.111	25.592
10	20	24.938	373.127
10	50	13.153	46.131
10	100	11.363	29.424

15章

合否判定の性能評価

15.1 2値判定問題

　目視で製品の良否を判定する検査員の検査精度やマハラノビス平方距離を用いた類似判定の精度などを検討したいことがあります．例えば，表15.1.1に示すように，検査では，適合品は適合品，不適合品は不適合品として判定することが求められます．しかし，一般に適合品を誤って不適合品と判定する第1種の誤りと，不適合品を誤って適合品と判定してしまう第2種の誤りは避けられません．

　表15.1.1(a)では，不適合品をすべて正しく不適合品と判定していますが，適合品17個を誤って不適合品と判定してしまっています．また，同表(c)で

表15.1.1　入出力表

(a)

入力＼出力	適合品	不適合品	合計
適合品	483	17	500
不適合品	0	500	500
合計	483	517	1 000

(b)

入力＼出力	適合品	不適合品	合計
適合品	498	2	500
不適合品	0	500	500
合計	498	502	1 000

(c)

入力＼出力	適合品	不適合品	合計
適合品	500	0	500
不適合品	4	496	500
合計	504	496	1 000

は，適合品をすべて正しく適合品と判定しているものの，不適合品4個を誤って適合品と判定しています．これらに対し，同表(b)では，適合品2個を誤って不適合品としていますが，不適合品はすべて正しく不適合品と判定しています．

誤りはないのがよいのですが，第1種と第2種の誤りは避けられません．したがって，これらの入出力表のいずれが好ましいか評価できれば便利です．そのためには，次節で述べる対数オッズ比を用いることができます．

15.2　対数オッズ比

いま，一般に表15.2.1のような入出力表が与えられたとき，その判定性能を考えることにします．理想的にはpとqが大きく$1-p$と$1-q$が小さいことが望まれます．これを式で表すと，次式が大きければ大きいほどよいことになります．

$$\frac{p/(1-p)}{(1-q)/q} \tag{15.2.1}$$

表 15.2.1　一般の入出力表

入力＼出力	適合品	不適合品
適合品	p	$1-p$
不適合品	$1-q$	q

通常は，この対数をとった次の量を対数オッズ比といいます．

$$\eta = \ln \frac{pq}{(1-p)(1-q)} \tag{15.2.2}$$

データから対数オッズ比を計算する場合に，度数fが小さかったりゼロの場合には半整数補正を行います．すなわち，$p/(1-p)$を，

$$\frac{f+0.5}{n-f-0.5} \tag{15.2.3}$$

15.2　対数オッズ比

のように推定します．

表15.1.1(a)の場合について，対数オッズ比を求めてみます．度数がゼロとなっているセルがあるので，半整数補正を行って，表15.2.2のように書き換えて計算します．

表15.2.2　半整数補正を行った入出力表

入力＼出力	適合品	不適合品	合計
適合品	482.5	17.5	500
不適合品	0.5	499.5	500
合計	483	517	1 000

そうすると，次のように対数オッズ比を求めることができます．

$$\eta = \ln(482.5 \times 499.5 - 0.5 \times 17.5) = 12.393 \tag{15.2.4}$$

同様に，表15.1.1(b)及び(c)についても求めると，それぞれ12.423及び12.419となります．したがって，最も性能の良いのは表15.1.1(b)ということになりますが，(c)とは大差ありません．しかし，(b)の場合は第1種の誤りは2件発生していますが，第2種の誤りはなく，判定は安全側だということができます．これに対して，(c)は不適合品を適合品とする第2種の誤りを4件発生しており，これは安全側とはいえないので，やはり(b)が最も好ましいということになります．

参 考 文 献

[1] 森口繁一編(1989)：新編 統計的方法 改訂版，日本規格協会
[2] 圓川隆夫・宮川雅巳(1992)：SQC 理論と実際，朝倉書店
[3] 近藤良夫・安藤貞一(2000)：統計的方法百問百答，日科技連
[4] 中里博明・川崎浩二郎・平栗昇・大滝厚(1993)：品質管理のための実験計画法 テキスト 改訂新版，日科技連
[5] 永田靖(2009)：統計的品質管理，朝倉書店

[付録 A] 正規分布の期待値と分散

▶正規分布の期待値

正規分布の期待値は定義により，

$$E(X) = \int_{-\infty}^{\infty} x \frac{1}{\sqrt{2\pi}\,\sigma} e^{-\frac{(x-\mu)^2}{2\sigma^2}} dx$$

$$= \int_{-\infty}^{\infty} (x-\mu) \frac{1}{\sqrt{2\pi}\,\sigma} e^{-\frac{(x-\mu)^2}{2\sigma^2}} dx + \mu \int_{-\infty}^{\infty} \frac{1}{\sqrt{2\pi}\,\sigma} e^{-\frac{(x-\mu)^2}{2\sigma^2}} dx$$

$$= -\frac{\sigma}{\sqrt{2\pi}} \left\{ \exp\left[-\frac{(x-\mu)^2}{2\sigma^2}\right] \right\}_{-\infty}^{\infty} + \mu$$

と変形して計算することができます．ここで，

$$\lim_{x \to \pm\infty} \exp\left[-\frac{(x-\mu)^2}{2\sigma^2}\right] = 0$$

となることから，期待値は次のように求められます．

$$E(X) = \mu$$

▶正規分布の分散

正規分布の分散は定義により次式で求められます．

$$V(X) = \int_{-\infty}^{\infty} (x-\mu)^2 \frac{1}{\sqrt{2\pi}\,\sigma} \exp\left[-\frac{(x-\mu)^2}{2\sigma^2}\right] dx$$

ここで，変数変換，

$$y = \frac{x-\mu}{\sigma}$$

を行って置換積分と部分積分を適用すると次のように計算できます．

$$V(X) = \int_{-\infty}^{\infty} \sigma y^2 \frac{1}{\sqrt{2\pi}} \exp\left(-\frac{1}{2}y^2\right) \sigma dy = \frac{\sigma^2}{\sqrt{2\pi}} \int_{-\infty}^{\infty} y^2 \exp\left(-\frac{1}{2}y^2\right) dy$$

$$= \frac{\sigma^2}{\sqrt{2\pi}} \int_{-\infty}^{\infty} -y \left[\exp\left(-\frac{1}{2}y^2\right) \right]' dy = \frac{\sigma^2}{\sqrt{2\pi}} \left\{ \left[-y \exp\left(-\frac{1}{2}y^2\right) \right]_{-\infty}^{\infty} \right.$$

$$\left. + \int_{-\infty}^{\infty} \exp\left(-\frac{1}{2}y^2\right) dy \right\} = \frac{\sigma^2}{\sqrt{2\pi}} \left(0 + \sqrt{2\pi} \right) = \sigma^2$$

［付録 B］ モーメント推定（moment estimation）

母集団分布を $f(x;\theta_1,\theta_2,\cdots,\theta_k)$ とし，この分布の v 次の原点周りのモーメントを $\mu_v'(\theta_1,\theta_2,\cdots,\theta_k)$ とします．このとき，

$$\frac{1}{n}\sum_{i=1}^{n} x_i^v = \mu_v'(\theta_1,\theta_2,\cdots,\theta_k) \qquad (v=1,2,\cdots,k)$$

を，$\theta_1,\theta_2,\cdots,\theta_k$ について解いた解をサンプルの関数

$$\theta_1(x_1, x_2, \cdots, x_n),\ \theta_2(x_1, x_2, \cdots, x_n),\ \cdots,\ \theta_k(x_1, x_2, \cdots, x_n)$$

で表し，これを推定量とする方法をモーメント推定といいます．

例えば，正規分布 $N(\mu, \sigma^2)$ について，標準偏差がわかっているとき，サンプル $x_i\ (i=1, 2, \cdots, n)$ から母平均 μ のモーメント推定は次のようにして求められます．

まず，サンプルについての原点周りの 1 次モーメントは，

$$\bar{x} = \frac{x_1 + x_2 + \cdots + x_n}{n}$$

です．母集団の原点周りの 1 次モーメントは μ ですから，結局，母平均のモーメント推定は次式のように求められます．

$$\hat{\mu} = \bar{x} = \frac{x_1 + x_2 + \cdots + x_n}{n}$$

[付録 C] 最尤推定(maximum likelihood estimation)

母集団分布が $f(x;\theta)$ であるとき,サンプル $x_1, x_2, \cdots, x_n$ の密度関数(又は確率関数)は,

$$\prod_{i=1}^{n} f(x_i;\theta)$$

となります.これを母数 θ の関数として考え,$L(\theta) = \prod_{i=1}^{n} f(x_i;\theta)$ を尤度関数といいます.最尤推定では,尤度関数の最大値を与える θ を求め,これを最尤推定量といいます.

例えば,母標準偏差が既知の場合の正規分布 $N(\mu, \sigma^2)$ の母平均の最尤推定量は,サンプル $x_1, x_2, \cdots, x_n$ から次のようにして求められます.まず,尤度関数は

$$L(\mu) = \left(\frac{1}{2\pi\sigma^2}\right)^{\frac{n}{2}} \exp\left[-\frac{1}{2\sigma^2}\sum_{i=1}^{n}(x_i - \mu)^2\right]$$

となります.最大値を与える μ を求めるためには,この対数をとった対数尤度を最大にする μ を求めても同じですから,$\dfrac{\partial}{\partial \mu}\log L(\mu) = 0$ を解いて次式の最尤推定量を得ます.

$$\hat{\mu} = \frac{\sum_{i=1}^{n} x_i}{n} = \bar{x}$$

次に,正規分布の平均と分散がともに未知の場合に,両者の最尤推定量を求めてみましょう.まず,尤度関数は次式のようになります.

$$L(\mu, \sigma^2) = \left(\frac{1}{2\pi\sigma^2}\right)^{\frac{n}{2}} \exp\left[-\frac{1}{2\sigma^2}\sum_{i=1}^{n}(x_i - \mu)^2\right]$$

これを最大ならしめる μ と σ^2 を求めるには,連立方程式,

$$\begin{cases} \dfrac{\partial}{\partial \mu} \log L(\mu, \sigma^2) = \dfrac{\partial}{\partial \mu}\left[-\dfrac{n}{2}\log 2\pi\sigma^2 - \dfrac{1}{2\sigma^2}\sum_{i=1}^{n}(x_i - \mu)^2 \right] = 0 \\ \dfrac{\partial}{\partial (\sigma^2)} \log L(\mu, \sigma^2) = \dfrac{\partial}{\partial (\sigma^2)}\left[-\dfrac{n}{2}\log 2\pi\sigma^2 - \dfrac{1}{2\sigma^2}\sum_{i=1}^{n}(x_i - \mu)^2 \right] = 0 \end{cases}$$

を解いて,平均と分散の最尤推定量をそれぞれ次のように求めることができます.

$$\hat{\mu} = \frac{\sum_{i=1}^{n} x_i}{n} = \bar{x}$$

$$\hat{\sigma}^2 = \frac{\sum_{i=1}^{n}(x_i - \bar{x})^2}{n}$$

このようにして求めた分散の最尤推定量の期待値は,原点周りの i 次モーメントを μ_i' として次のように計算できます.

$$\begin{aligned} E(\hat{\sigma}^2) &= E\left[\frac{\sum_{i=1}^{n}(x_i - \bar{x})^2}{n} \right] = E\left(\frac{1}{n}\sum_{i=1}^{n} x_i^2 - \bar{x}^2 \right) \\ &= \frac{1}{n} n\mu_2' - E(\bar{x}^2) = \frac{1}{n} n\mu_2' - \frac{1}{n^2} E\left(\sum_{i=1}^{n} x_i^2 + 2\sum_{i>j} x_i x_j \right) \\ &= \frac{1}{n} n\mu_2' - \frac{1}{n^2}\left[n\mu_2' + 2\binom{n}{2}\mu^2 \right] = \mu_2' - \frac{1}{n}\left[\mu_2' + (n-1)\mu^2 \right] \\ &= \frac{n-1}{n}(\mu_2' - \mu^2) = \frac{n-1}{n}\sigma^2 \end{aligned}$$

したがって,$E(\hat{\sigma}^2) \neq \sigma^2$ となるので,$\hat{\sigma}^2$ は不偏推定量ではなく,偏りがあることがわかります.

索　　引

あ　行

一元配置実験　45
1次誤差　99
1次単位　99
一対比較　164
一般平均　50
伊奈の公式　70
因子の割付け　127
上側 $100\alpha\%$　27
AB級間平方和　84
F比　48

か　行

回帰からの平方和　124
回帰による平方和 S_R　124
階層化意思決定法（AHP：Analytic Hierarchy Process）　163
確率変数　17
片側検定　48, 55
完全無作為化実験　85
完備型　125
幾何平均　165
危険率5%　26
規準化　16
擬水準法　133, 139
期待値　17
基本統計量（fundamental statistic）　9
帰無仮説 H_0　24
逆行列　170
逆理法　24
局所管理の原則　97
寄与率　53
区間推定（interval estimation）　30

繰返し n 回の一元配置実験　45
繰返し数が異なる一元配置実験　57
繰返しのある二元配置実験　73
繰返し・反復の原則　97
グレコラテン方格　157
計数値（attribute）　14
系統誤差　97
計量値（variable）　14
言語データ　9
検出力　28
原点を通る回帰直線　118
効果　51
交互作用 $A\times B$　79
交互作用効果　73
高次の回帰　124
高次の交互作用　125
交絡（confound）　126
誤差　51
　　——因子の割付け　149
　　——平方和　52
固有値問題　165
固有方程式　166

さ　行

サーティ（T.L. Saaty）　163
最小2乗法　116
最小有意差（least significant difference）　49
最適水準　68
最尤推定量　13
サタースウェイト（Satterthwaite）　111
3因子交互作用　125
残差　124
3水準の直交表　157

サンプル　14
三平方の定理　39
実現値　17
実験の再現性　97
実験の割付け　127
修正項　11
自由度（degrees of freedom）　12
　――の分解　42
情報（information）　9
信頼幅　81
推定（estimation）　14
数値データ　9
正規分布（normal distribution）　15
正規方程式（normal equations）
　　116
整合度 C.I.　167
精度の高い推定　69
成分記号　128
線点図　129
相関係数行列　172
総合ウエート　167
総合重要度　167
外側因子　149

た 行

第1自由度　25
第1種の誤り　177
対応のあるデータの母平均の差に関する
　検定　35
対数オッズ比　178
第2自由度　25
第2種の誤り　177
対立仮説 H_1　24
田口の公式　70
タグチメソッド　149
多水準作成法　133
単回帰分析　115
中央値（median）　10
直交　127

t 分布　29
データ（data）　9
　――の構造　64
点推定値（point estimate）　30
等確率密度線表示　170
統計的仮説検定（statistical test of hypothesis）　14

な 行

2因子交互作用　125
二元配置実験　61
2次元正規分布 $N(0, 0, 1^2, 0.6^2, 0)$　170
2次誤差　99
2次単位　99

は 行

背理法　24
ばらつき　12
パラメータ　14
　――設計　153
半整数補正　178
反復（replication）　85
比較の精度　97
ピタゴラスの定理　39
標準化　21
標準正規分布　16
標準偏差（standard deviation）　13
標本分散（sample variance）　13
フィッシャー（R.A. Fisher）の実験の
　三原則　45
プーリング（pooling）　64
不偏分散（unbiased variance）　12
ブロック　91
　――の効果　92
分割実験　146
分割法（split plot design）　97
　――実験　142
分散共分散行列　170
分散成分　111

分散比の検定　21
平均平方（mean square）　43
平方和の分解　39
ベキ乗法　166
偏差値　13
偏差平方和　11
母集団　14
母数　14
母分散　17
母平均　17

ま　行

マハラノビス（P.C. Maharanobis）　170
　——平方距離　169, 170
無作為化の原則　45, 97

や　行

有意水準　26
有効反復数　70
　—— n_e　81

ら　行

ラテン方格　157
乱塊法（randomized block design）　91

[著者紹介]
新藤　久和（しんどう　ひさかず）

1972 年　山梨大学大学院修士課程修了
1972 年　山梨大学工学部助手
1986 年　山梨大学工学部講師
1993 年　山梨大学工学部助教授
1997 年　山梨大学工学部教授
2002〜2004 年　山梨大学評議員
2004〜2007 年　山梨大学教育研究評議会評議員

＜主な活動＞
1993〜1996 年　日本品質管理学会理事
1994 年〜　デミング賞委員会委員
1997 年〜　国際 QFD 協議会委員
1999〜2000 年　日本プロジェクトマネジメント学会理事
2005 年〜　日本科学技術連盟品質機能展開運営委員会委員長
2008 年〜　中国浙江大学管理学院附属品質業績管理研究所顧問
2010 年〜　ISO/TC69/SC8 国内委員会委員
2010 年〜　一般社団法人日本ワイン文化振興協会理事長

＜表　彰＞
1982 年　（財）日本科学技術連盟『品質管理』誌編集委員会"SQC 賞"
1983 年　日本品質管理学会"論文奨励賞"
1992 年　山梨県品質管理研究会"特別功労者表彰"
1997 年　International Council for Quality Function Deployment "Akao Prize"
1998 年　日本経済新聞社"日経品質管理文献賞"
2000 年　日本品質管理学会"品質技術賞"
2003 年　QC サークル関東支部山梨地区"特別功労者表彰"
2007 年　総務省関東総合通信局"局長表彰"
2009 年　（社）日本プロジェクトマネジメント学会"PM 功労賞"

＜著　書＞
"品質展開活用の実際"（1988, 共著, 日本規格協会）
"ソフトウェア品質管理ガイドブック"（1990, 分担執筆, 日本規格協会）
"21 世紀へのソフトウェア品質保証技術"（1994, 共編共著, 日科技連出版社）
"実践的 QFD の活用"（1998, 編著, 日科技連出版社）
"TQM—21 世紀の総合『質』経営"（1998, 共編著, TQM 委員会, 日科技連出版社）
"設計的問題解決法"（2001, 編著, 日科技連出版社）
"クォリティマネジメント用語辞典"（2004, 共編著, 日本規格協会）
"品質保証ガイドブック"（2009, 日本品質管理学会, 共著, 日科技連出版社）
"品質管理の演習問題と解説［手法編］QC 検定 1 級対応"（2009, 編集, 日本規格協会）

初心者(学生・スタッフ)のための
データ解析入門
―QC検定試験1級・2級受験を目指して―

定価:本体2,200円(税別)

2010年10月15日　第1版第1刷発行

著　　者　新藤　久和
発　行　者　田中　正躬
発　行　所　財団法人 日本規格協会
　　　　　〒107-8440　東京都港区赤坂4丁目1-24
　　　　　　　　　http://www.jsa.or.jp/
　　　　　　　　　振替　00160-2-195146
印　刷　所　株式会社 ディグ
製　　　作　有限会社 カイ編集舎

© H. Shindo, 2010　　　　　　　　　　　Printed in Japan
ISBN978-4-542-60109-3

```
当会発行図書,海外規格のお求めは,下記をご利用ください.
　出版サービス第一課:(03)3583-8002
　　書店販売:(03)3583-8041　　注文FAX:(03)3583-0462
　　JSA Web Store:http://www.webstore.jsa.or.jp/
編集に関するお問合せは,下記をご利用ください.
　　編集第一課:(03)3583-8007　　FAX:(03)3582-3372
●本書及び当会発行図書に関するご感想・ご意見・ご要望等を,
　氏名・年齢・住所・連絡先を明記の上,下記へお寄せください.
　　e-mail:dokusya@jsa.or.jp　　FAX:(03)3582-3372
　　(個人情報の取り扱いについては,当会の個人情報保護方針によります.)
```

品質管理検定(QC検定)参考図書

[リニューアル版] やさしい QC 七つ道具
現場力を伸ばすために
細谷克也 編
石原勝吉・廣瀬一夫・細谷克也・吉間英宣 共著
A5判・288ページ 定価 2,415円(本体 2,300円)
2級 3級

現場長の QC 必携
監修 朝香鐵一
編集・主査 尾関和夫・千葉力雄・中村達男
A5判・288ページ
定価 2,625円(本体 2,500円)
2級 3級

統計的手法入門テキスト
検定・推定と相関・回帰及び実験計画
奥村士郎 著
A5判・222ページ
定価 2,310円(本体 2,200円)
2級 3級

クォリティマネジメント用語辞典
編集委員長 吉澤 正
A5判・680ページ
定価 3,780円(本体 3,600円)
1級 2級 3級

社内標準の作り方と活用方法
社内標準作成研究会 編
B5判・432ページ
定価 3,990円(本体 3,800円)
1級 2級 3級

おはなし新 QC 七つ道具
納谷嘉信 編
新QC七つ道具執筆グループ 著
B6判・300ページ
定価 1,470円(本体 1,400円)
1級 2級 3級

品質管理講座 新編 統計的方法 [改訂版]
森口繁一 編
A5判・308ページ
定価 1,680円(本体 1,600円)
1級 2級

実験計画法入門 [改訂版]
鷲尾泰俊 著
A5判・300ページ
定価 2,835円(本体 2,700円)
1級 2級

新製品開発のための 品質展開活用の実際
赤尾洋二 編
A5判・260ページ
定価 2,625円(本体 2,600円)
1級 2級

機能別管理活用の実際
編集委員長 鐵 健司
A5判・228ページ
定価 2,310円(本体 2,200円)
1級 2級

方針管理活用の実際
編集委員長 赤尾洋二
A5判・254ページ
定価 2,940円(本体 2,800円)
1級 2級

おはなし信頼性 [改訂版]
斉藤善三郎 著
B6判・318ページ
定価 1,260円(本体 1,200円)
1級 2級

新版 信頼性工学入門
真壁 肇 編
A5判・268ページ
定価 2,835円(本体 2,700円)
1級 2級

すぐに役立つ 実験の計画と解析 基礎編
谷津 進 著
A5判・178ページ
定価 2,242円(本体 2,136円)
1級 2級

すぐに役立つ 実験の計画と解析 応用編
谷津 進 著
A5判・236ページ
定価 2,853円(本体 2,718円)
1級

基本 多変量解析
浅野長一郎・江島伸興 共著
A5判・278ページ
定価 3,150円(本体 3,000円)
1級

JSA 日本規格協会 http://www.webstore.jsa.or.jp/